문학이 좋다
여행이 좋다

위대한 소설의 무대로 떠나는 세계여행

문학이 좋다 여행이 좋다

지은이 세라 백스터 | 일러스트 에이미 그라임스
옮긴이 이정아

올댓북스

목 차

들어가며

책장을 넘겨보라. 무엇이, 어떤 장소가 보이는가? 도심의 거리나 파릇파릇한 들판, 광활한 산맥이나 귀신이 나올 것 같은 숲, 또는 악취가 풍기는 빈민가나 황금빛 사원이 보일지도 모른다. 펜 끝에서 다양한 세상이 탄생한다. 단어의 궁전들, 글자의 풍경들, 문장으로 만들어진 도시들. 신중하게 배치된 접속사와 다부진 명사와 경쾌한 동사들, 그리고 소용돌이치듯 꼬불거리는 잉크에서 사회나 우주 전체가 만들어진다.

작가들은 장소를 만들어낸다. 때때로 감각이나 과학의 법칙이 작용하지 않는 환상의 나라를 세우기도 한다. 하지만 지도에서 찾을 수 있는 실제 장소를 떠올리게 할 때도 있다. 그리고 이 실제 장소들을 사진보다 더 실감 나게 해주기도 한다. 작가들은 글만으로 장소를 훤히 그려내고 그곳의 경치와 소리와 냄새와 본질을 완벽하게 담아내서, 이전까지 백지상태였던 곳을 순간 이동시켜 독자들의 상상력으로 채워넣게 해준다.

진짜 위대한 작가는 장소를 재현하는 데 그치지 않고 시대와 역사까지 되살려낸다. 덕분에 독자들은 일부 고전문학 작품을 통해 전 세계를 여행할 수 있을 뿐만 아니라 과거를 체험할 수도 있다. 중세의 스페인 평원부터 빅토리아 왕조 때의 지저분한 런던과 인종격리정책으로 분열된 남아프리카공화국의 공포까지 느낄 수 있다. 뛰어난 작가들은 이들 장소의 물리적 특징뿐만 아니라 겹겹이 쌓이고 구석구석 감춰진 것들은 물론이고 그곳의 정치와 세계적 입지까지 되살려낸다. 그 때문에 다른 나라와 다른 대륙, 심지어 다른 시대를 사는 이들까지도 이런 장소들을 생생하게 체험할 수 있다.

모두가 여행할 수 있는 것은 아니다. 더구나 아직은 누구도 시간 여행을 할 수 없다. 하지만 훌륭한 문학작품을 읽으면 누구든 완전히 다른 시대와 장소로 '여행'을 떠날 수 있다.

이 책에서는 스물다섯 군데의 멋진 문학적 장소들이 집중적으로 소개된다. 지금까지 출간된 최고의 소설들에서 특색 있고 아주 흥미로운 장소들을 신중하게 골랐다. 아름다운 삽화가 곁들여진 이 간접 여행안내서가 독자들을 세계 곳곳의 다양한 장소들로 데려다줄 것이다. 이 중에는 이미 알고 있는 곳들도 많을 것이고 그렇지 않은 곳들도 있을 것이다. 정치적으로 혼란스럽고 지진으로 흔들리기도 한 칠레의 시골 지역에 가볼 수도 있고, 맥주 자국으로 끈적거리고 불결한 1900년대의 더블린 술집에 들를 수도 있으며, 한들거리는 야자나무 뒤에 죽음과 근친상간이 도사리고 있는 인도 남부의 나른한 시골 마을을 엿볼 수도 있다.

이 책에 소개된 곳들은 대부분 단순히 그 안에서 벌어지는 비극과 로맨스와 모험의 배경이 되는 수동적인 장소가 아니다. 이들 장소 자체가 등장인물처럼 작품의 배후에서 솟아나 중심 무대를 차지한다. 또한 줄거리와 사건과 정서는 물론이고 이야기의 결말에까지 영향을 미치는 매개체 역할도 한다.

예컨대 에밀리 브론테의 《폭풍의 언덕》에 나오는 요크셔 황무지를 떠올려보라. 헤더 꽃으로 뒤덮이고 바람이 휘몰아치는 황무지는 문학 가족인 브론테 자매들이 살던 곳이자 뛰놀고 글을 쓰던 곳일 뿐만 아니라 소설의 등장인물이기도 하다. 이곳 황무지는 《폭풍의 언덕》의 영웅적 자질이 없는 주인공인 히스클리프처럼 형체가 있고 길들여지지 않으며 변덕스럽고 음울해 보인다. 이처럼 아주 치열하고 열정으로 가득하며 색다른 19세기 고딕 소설의 배경으로 이 황무지 외에 다른 어떤 곳을 떠올릴 수 있을까. 그만큼 에밀리 브론테와 그녀의 명작 《폭풍의 언덕》은 이 황무지와 불가분의 관계에 있다.

제롬 데이비드 샐린저의 《호밀밭의 파수꾼》도 이와 다르지 않다. 불안한 십 대를 지나고 있던 홀든 콜필드의 주 무대가 북적거리고 음산하면서도 화려한 1940년대 말의 맨해튼 거리가 아니었다면 원래의 느낌과 많이 달랐을 것이다. 샐린저는 결정적인 순간에 포주와 사기꾼과 신출귀몰하는 오리들이 등장하는 20세기 중반의 대도시 풍경을 정확히 그려낸다. 당시 뉴욕은 2차 세계 대전의 음울한 후유증을 겪는 한편, 세계무대에서 갑작스럽게 인기가 높아지고 있었다. 밖으로 보이는 뉴욕의 혼란스러운 상황은 젊은 주인공이 겪는 내적 혼란을 반영한다.

어떤 경우에는 실제로 존재하는 나라와 장소와 문화와 사건들이 소설에 너무나 잘 녹아들고 풍부한 정보까지 담고 있어서 책을 읽는 것만으로도 최고의 역사 수업을 듣는 효과를 볼 수도 있다.

나기브 마푸즈의 '카이로 3부작'은 이집트의 수도에서 가장 분위기 있는 동네의 지리를 구체적으로 설명해줄 뿐만 아니라, 요리부터 종교와 건축, 20세기 정치에 이르기까지 무궁무진한 정보를 담아내 정교하게 짠 양탄자와 같은 책을 만들어냈다. 독자들은 대하소설을 읽을 때처럼 알자와드 가족의 이야기에 매료될 수 있다. 또한 이슬람과 오늘날의 이집트를 있게 한 것들에 대해서도 더 잘 알게 될 것이다.

지면 관계상 이 책에 담지 못한 장소들이 너무나 많다. 작품 속에서 찬란하게 되살려 페이지를 넘길 때마다 그곳의 먼지와 피 냄새까지 맡을 수 있는 장소들 말이다. 예컨대 범죄 소설의 여왕 애거서 크리스티와 함께 살인이 벌어지는 유람선을 타고 나일강을 지나갈 수도 있다. 또한 이스탄불에서 태어난 노벨 문학상 수상자 오르한 파묵의 작품을 통해 이스탄불을 탐험할 수도 있다. 또는 브램 스토커가 루마니아에 심어놓은 드라큘라의 흔적을 따라가 볼 수도 있다. 애석하게도 이 책의 지면 사정상 스물다섯 곳만 담을 수밖에 없었다.

하지만 이 책에 소개한 얼마 안 되는 경이로운 문학적 장소들을 조금만 읽어보면 두툼한 원본을 읽고 싶을지도 모른다. 혹은 세계 여행을 다룬 책들을 더 많이 찾아 나서서 문학 여행을 계속하고픈 마음이 솟구칠 수도 있다. 어쩌면 실제 장소를 찾아가보고 자신만의 여행안내서를 만들어 보고픈 마음이 들지도 모른다.

작품명 빅토르 위고의 《레 미제라블》(1862)
무대 프랑스의 빛의 도시이자 불결함, 혁명, 평등, 그리고 계몽주의를 떠올리게 하는 도시

파리
PARIS

사람들이 노래하는 소리가 들리는가? 들어보라고 요구하는 성난 사람들의 소리는? 이렇게 우아한 거리들이 혼잡한 빈민가를 가르며 뻗어나가기 전이었던 옛날에 이 도시는 혁명으로 아우성쳤다. 복작거리고 질병에 허덕이던 골목이 바리케이드로 막히고 자유와 평등과 박애를 갈망하는 목소리들이 울려 퍼졌다. 그랬던 거리들이 이제는 널찍하고 환해졌으며 온화함이 넘쳐흐른다. 커피잔이 에나멜 탁자에 부딪치며 쟁그랑거리고 산들바람에 단정한 플라타너스 나무들이 사각거린다. 그야말로 우아함과 사랑이 넘치는 거리이다. 하지만 한때 이 거리에는 피가 흥건했다…….

빅토르 위고Victor Hugo가 《레 미제라블*Les Misérables*》을 집필하던 1850년대 즈음에 파리는 말 그대로 빛의 도시였다. 새로 설치된 1만 5,000여 개의 가스등이 프랑스의 수도를 비추고 있었다. 덕분에 밤 시간대가 더 안전해지면서 시민들은 아무때나 거리로 나왔다. 하루를 버티게 해주는 산책 문화가 생긴 셈이었다. 하지만 《레 미제라블》의 배경이었던 그 몇십 년 전만 해도 파리는 훨씬 어두운 곳이었다. 파리가 18세기 지적 계몽운동의 발상지였을지는 모르나 빈곤한 다수에게는 여전히 불평등과 절망이 널리 퍼져 있는 도시였다. 이와 관련해 위고는 다음과 같이 썼다. "파리의 속살을 눈여겨보는 사람은 현기증으로 휘청거린다. 이보다 더 환상적인 곳도 더 비극적인 곳도 더 숭고한 곳도 없기 때문이다."

《레 미제라블》에는 이런 특성들이 전부 다 들어 있다. 역대 가장 긴 소설에 속하는 이 작품은 1815년에 시작된 장 발장의 고난을 추적하듯 보여준다. 빵 한 덩이를 훔친 죄로 20년 가까이 감옥살이한 후 가석방된 그는 1832년에 일어난 파리 봉기의 여파로 목숨을 잃으면서 마침내 구원을 받게 된다.

《레 미제라블》의 시간적 배경이 되었던 1815~1832년까지 파리는 여전히 위고가 사랑했던 '옛 파리'였다. 좁다랗게 얽히고설킨 거리와 안뜰과 후미진 곳들이 미로처럼 뒤얽혀서 등장인물들이 쉽게 모습을 감출 수 있었다. 그러나 파리는 또한 너무나 붐볐고 비위생적이었으며 점차 환멸을 느끼게 되는 도시이기도 했다. 1789년에 세상을 발칵 뒤집어놓은 혁명이 일어났음에도 프랑스는 다시 귀족정치의 시대로 돌아가는 듯했다. 1832년 6월 5일에 3,000여 명의 공화파가 봉기하여 잠시 동안 파리의 동부 및 중심부에 위치한 샤틀레에서 시테섬과 포부르 생 앙투안에 이르는 지역까지 장악했다. 생드니Saint-Denis가 옆길에 바리케이드가 세워졌다. 하지만 6월 6일에 보강된 국민위병대가 반란군을 진압했다. 800명에 가까운 이들이 목숨을 잃거나 부상당했다.

위고 자신도 이 폭동을 목격했다. 당시 튈르리 정원에서 글을 쓰고 있던 위고는 (현재는 쇼핑몰로 바뀐) 복작거리는 골목들로 이루어진 전통 시장 지역인 레 알Les Halles에서 총이 발사되는 소리를 들었다. 곧바로 총소리를 따라 북쪽으로 걸어갔지만 총알들이 쌩하고 지나다녀 소몽Saumon 파사주(현재는 벵아이아드Ben-Aïad 파사주로 불리며 일반인의 출입은 금지돼 있다)로 몸을 숨길 수밖에 없었다.

이후 파리는 엄청나게 변했다. 1853년부터 1870년까지 도시 설계자 오스망 남작Baron Haussmann은 중세 도시였던 파리를 대대적으로 허문 뒤 오래되고 혼돈스러운 곳을 현대적이고 체계적인 도시로 바꾸어놓았다. 널찍하고 곧게 뻗은 대로, 탁 트인 교차로, 공원, 이중 경사 지붕이 돋보이는 아파트의 조화로운 발코니가 등장했다. 도로는 마차가 지나갈 수 있을 만큼 넓어졌다. 또한 길이 널찍해진 만큼 바리케이드를 설치하기는 사실상 어려워졌다. 그 결과 파리는 한층 통일되고 더욱 위생적이며 보기 좋은 도시가 되었지만, 수 세기 동안의 역사는 뜯겨 나갔다.

오스망은 분명 장 발장과 그가 보살피던 코제트와 그녀의 구혼자인 마리우스, 그리고 위고가 그린 나머지 혁명가와 부랑자와 창녀들의 발자국을 따라가기 더 어렵게 만들었다. 하지만 그 당시의 파리를 생각나게 하는 것들은 남아 있다. 그중에서도 가장 좋은 기억을 떠올리게 하는 곳은 바로 파리에서 중세의 건물들이 가장 온전히 남아 있는 마레 지구이다(마레Marais는 '늪지대'라는 뜻이다). 센Seine강의 우안에 자리한 이 동네는 오스망의 설계에서 살아남은 곳이다. 자갈이 깔린 골목들이 얽히고설켜 있어 여전히 길을 잃기 쉽고, 서점과 부티크와 술집과 카페 등이 빽빽이 들어서 있다.

나무가 늘어선 광장 주변을 회랑이 있는 17세기 저택들이 에워싸고 있는 보주 광장Places des Vosges도 바로 이 마레 지구에 있다. 그리고 이들 저택 가운데 하나가 위고가 살았던 집이다

(지금은 박물관이다). 마레 지구의 중심부에는 마리우스와 코제트가 결혼식을 올린 바로크 양식의 생폴 생루이 성당이 자리하고 있다. 이 성당은 또한 위고가 딸의 결혼식을 치른 뒤 기증한 두 개의 조가비 모양의 세례반(세례에 쓰이는 물을 담아놓는 그릇-옮긴이)이 있는 곳이기도 하다.

파리의 서쪽 지역에 위치한 라탱 지구Latin Quartier에도 중세의 거리가 남아 있다. 1257년에 프랑스 최초의 대학인 소르본 대학이 설립되면서 이 지역은 지적 사고와 실속 있는 작은 식당들이 들어찬 학생 친화적인 안식처로 자리매김했다. 이곳에서 아마 마리우스와 그의 동료 혁명가들은 값싼 와인을 홀짝이며 새로운 내일에 대해 토론하며 시간을 보냈을 것이다.

근처에 자리한 뤽상부르 공원Jardin du Luxembourg은 파리에서 두 번째로 큰 공원으로 나무가 많아 사랑을 속삭이기에 안성맞춤이다. 참새가 지저귀는 밤나무 숲에서 마리우스와 코제트는 서로에게 첫눈에 반한다. 이곳에 가면 자갈길을 따라 몇백 년 된 배나무 숲을 거닐면서 시인과 정치가들의 동상을 볼 수 있다. 그중에서 '가면 장수' 동상(1883년 작)은 한 소년이 유명인들의 가면을 파는 모습을 하고 있는데, 이 소년이 높이 들어 올린 가면이 바로 위고의 얼굴이다.

그러나 위고의 소설 속 인물들의 역경을 느끼는 가장 좋은

방법은 하수구에 내려가 보는 것이다. 위고에게 하수구는 '파리 속의 또 다른 파리'로서 이 도시의 거리와 골목을 복제해놓은 축축하고 악취가 풍기는 곳이었다. 장 발장은 깊은 수렁 같은 하수구로 내려감으로써 부상당한 마리우스를 구할 수 있었으니 지옥을 통과하여 구조한 셈이었다. 오스망은 하수처리시설도 개선했지만, 파리의 하수구 박물관Musée des Égouts de Paris을 방문하여 오수 위쪽에 돋우어 올린 통로를 따라가다 보면 장 발장이 살았던 시대의 파리를 떠올리고 냄새 맡을 수도 있다.

장 발장은 평화롭게 죽음을 맞은 뒤 파리의 어느 묘지에 묻혔다. 아무도 눈여겨보지 않는 구석진 곳에 자리한 그의 묘지 위에는 빈 석판만이 있을 뿐이다. 위고는 1885년에 임종을 앞두고 아주 가난한 자들이 쓰는 관에 묻어 달라는 유언을 남겼다. 하지만 샹젤리제에서 그의 장례식이 거행되었고 위고의 시신은 개선문 아래에 안치되었다가 이후 팡테옹의 지하로 옮겨져 뒤마와 졸라 옆에 안장되었다. 빅토르 위고는 죽고 나서 영웅으로 추앙받았지만 《레 미제라블》을 통해서 여전히 일반 시민들과 함께 향쟁하고 있다.

작품명 제임스 조이스의 《율리시스》(1922)

무대 아일랜드의 서사적인 어느 하루 동안 일어난 따분한 일들을 담은 소세계

더블린
DUBLIN

술집은 훈훈하고 맥주 냄새가 난다. 거품 얼룩이 묻어 있는 빈 술잔들이 끈적거리는 베니어판 위에 흩어져 있다. 레드와인 빛깔의 입술과 홉 내음이 나는 숨과 혀 꼬부라진 말소리들이 뒤엉킨다. 웃음소리가 총소리처럼 터져 나오고, 나무판자와 거울 벽과 줄지어 늘어선 위스키 병들에서 간간이 날카로운 소리들이 들린다. 술집에서는 신학과 간음, 문학과 죽음, 그리고 비누와 소시지 등에 관한 대화가 오간다. 온갖 것이 화제에 오르고, 아무 일도 아닌 것들에 대해 토론하고, 순식간에 완성되는 치즈 샌드위치에 관해 공상을 한다. 보잘것없는 하루가 지나간다. 그러나 지극히 작은 부분을 차지하면서도 극히 중요한

삶의 요소는 늘 똑같다…….

다양하게 음미되며, 영어로 쓴 책 중에서 가장 중요하고 뛰어나면서도 정말 짜증 나게 하고 안 읽히는 책인 제임스 조이스 James Joyce의 《율리시스*Ulysses*》는 결국 비범해졌지만 평범한 소설이다. 이 소설은 호메로스의 《오디세이아》를 현대풍으로 고쳐 쓴 책이다. 하지만 고대 그리스의 서사시 《오디세이아》가 오디세우스가 트로이 전쟁을 마치고 온갖 사건들을 겪으며 고향으로 돌아가는 여정을 그리고 있다면, 《율리시스》는 특별할 것 없는 단 하루 동안의 이야기를 담고 있다.

《율리시스》는 유대인이자 《프리맨스 저널The Freeman's Journal》 신문사의 광고 영업사원인 레오폴드 블룸이 1904년 6월 16일에 더블린에서 어슬렁거리는 모습을 뒤쫓는다. 그는 장례식에 참석하고 술집에 가며, (아내가 바람난 상대 남자를 피하기 위해) 박물관으로 숨고, 샌디마운트 해안가에서 자위하며, 사창가로 들어간다.

이 소설은 의식의 흐름 기법을 써서, 주인공의 혼란스러운 경험을 좇아 놀랍도록 다양한 문체와 표현을 구사한다. 하지만 정작 더블린의 거리에서는 이 소설을 볼 수 없었다. 파리로 망명해 글을 쓰고 있던 조이스는 더블린의 물리적 특성을 비굴할 정도로 낱낱이 조사했다. 더블린으로 좀처럼 돌아오지 못했음

에도 미련을 버리지 못했던 그는 이런 말을 남겼다. "내가 죽으면 내 심장에 더블린이 새겨질 것이다."

20세기에 들어서면서 더블린의 모습은 바뀌고 있었다. 혼잡한 도심지가 퇴락하면서 부자들은 교외로 이사를 갔다. 더블린에는 유럽에서 가장 가난한 빈민가가 있었다. 어린아이들은 네 명 중 한 명 꼴로 돌이 되기도 전에 죽었다. 켈트 문화 부활 운동이 일어나 아일랜드의 문화와 언어가 장려되는 사이, 정치판에서는 아일랜드 의회당이 계속해서 (독립이 아닌) 자치를 요구하고 있었다.

하지만 한층 과격한 운동들이 들끓고 있었으며, 1차 세계 대전(1914~1918)과 부활절 봉기(1916년), 아일랜드 공화국군IRA의 폭력이 임박한 상태였다. 1922년에 출간되었음에도 《율리시스》 속 '사건'은 이와 같은 소요 사태보다 이전에 일어난 것으로 설정되어 있다. 조이스는 나라들 간의 다툼이 아닌 보통 사람이 매일 치르는 소소한 싸움에 관심을 두었다. 더블린이 세상의 축소판이 된 셈이다.

조이스가 지리에 공들인 덕분에 블룸의 발자국을 따라갈 수 있다. 제일 먼저 에클레스Eccles가 7번지에 있는 블룸의 집부터 찾아보라. 블룸이 돼지 콩팥을 요리하고 아내의 불륜에 대해 곰곰이 생각했던 그 집은 1960년대에 철거되었지만 해당 장소에 블룸의 집을 나타내는 명판이 설치돼 있다. 또한 노스그레이트 조지North Great George가에 있으며 현재 제임스 조이스 센터로 쓰고 있는 멋진 주택 내에 본래의 출입구가 보존되어 있다.

거기서 모퉁이를 돌면 오코넬O'Connell가가 나온다. 이곳은 비록 1900년대에 쇠퇴했고 부활절 봉기 때 훼손되긴 했지만 조지 왕조 시대에 상류층이 자주 찾던 장소였다. 이제는 더 이상 말이 끄는 마차도 철컹거리는 트램도 없다. 요즘은 나무가 무성한 도심의 산책로를 따라 걷다 보면 자동차 소음과 뒤죽박죽된 건축 양식들을 접하게 된다. 블룸은 노스얼North Earl가의 모퉁이에 무심하게 비스듬히 서 있는 제임스 조이스의 청동상 앞을 지나가지는 않았을 것이다. 하지만 커다란 망토를 두른 민족해방자의 모습으로 리피Liffey강을 건너다보는, 아일랜드의 지도자 대니얼 오코넬Daniel O'Connell의 기념 동상을 눈여겨보았을 것이다.

블룸은 더블린의 우중충한 북쪽 지역과 좀 더 부유한 남쪽 지역을 잇는, 폭이 넓은 오코넬 다리를 걸으면서 원을 그리며 날아다니는 갈매기들에게 먹이로 주기 위해 밴버리Banbury 케이크를 산다.

오코넬 다리를 건너면 (원래 아일랜드 의회 건물이었던) 아일랜드 은행과 (조이스는 가톨릭 신자라서 가지 않았던) 명문 트리니티

칼리지, 그리고 (조이스가 자주 찾았던) 국립 도서관이 있는 더블린 중심가로 들어가게 된다. 이어서 폭이 좁고 가게들이 늘어선 그래프턴Grafton가가 나온다. 여전히 차양들로 화사한 이 거리는 현지인과 이방인들 모두 더블린의 사교 생활의 본질인 놀이를 위해 즐겨 찾는 곳이다.

블룸은 듀크Duke가에 다다랐을 때 허기를 느낀다. 그런 그가 제일 먼저 선택한 음식점으로 '톡 쏘는 듯한 고기즙 맛이 나는 싸구려 푸른 채소 요리'를 파는 점포였던 버튼The Burton은 더 이상 볼 수 없다. 하지만 1889년에 문을 연 전통 술집인 데비 번스Davy Byrnes에서는 여전히 (블룸이 점심으로 먹었던) 고르곤졸라 샌드위치와 버건디를 팔고 있어서, 때때로 이해하기 어려운 조이스의 대작에 깃든 맛을 경험해 볼 수 있다.

Davy Byrnes

작품명 에드워드 모건 포스터의 《전망 좋은 방》(1908)
무대 억눌려 있던 열정이 깨어나는, 찬란한 이탈리아의 르네상스 도시

피렌체
FIRENZE

여닫이창을 활짝 열면 피렌체(영어명 플로렌스Florence)의 정수가 성큼 밀려든다. 교회 종소리, 새들의 날갯짓 소리, 수레가 자갈길에 달그락거리는 소리, 그리고 저 아래에서 아르노Arno강이 소곤거리는 소리가 신선한 아침 공기에 실려 온다. 햇살이 객실의 붉은 타일 바닥에 부딪히고 리넨 제품들을 반짝이게 하며 창턱에 놓인 제라늄에 영양을 준다.

창밖으로 몸을 내밀면 도시의 전망이 펼쳐진다. 금빛 궁전, 적갈색의 테라코타 지붕들, 뾰족하게 솟은 탑, 현실이 아닌 것 같은 돔 등 그야말로 르네상스 시대의 걸작을 만나게 된다. 그 뒤로 푸른 언덕이 땋아 늘인 듯 펼쳐지다가 저 멀리로 서서히

사라진다. 이곳은 사람들이 가장 비범한 일들을 해낼 법한 일종의 '마법의 도시'이다…….

토스카나Toscana주에 자리한 피렌체는 너무나 매력적인 곳이다. 15세기에 황금기를 맞아 이탈리아 르네상스의 발상지가 되었던 피렌체는 예술적으로 독보적인 도시였다. 심지어 1865~1871년까지 잠시 동안 새로 통일된 이탈리아의 수도가 되기도 했다. 여가로 여행을 즐기는 일이 가능해지면서 부유한 관광객들이 피렌체의 명소를 찾아 몰려들었다. 《전망 좋은 방 *A Room With a View*》의 여주인공 루시 허니처치도 그 관광객들 중 하나였다.

에드워드 모건 포스터E. M. Foster는 20세기 초반에 상류층에게 숨 막히는 관습의 나라였던 영국에서 햇볕이 강하게 내리쬐는 로맨틱 코미디 작품을 썼다. 그렇게 탄생된 《전망 좋은 방》은 에드워드 7세 시대의 영국에 만연했던 무미건조함과 엄격함을 비판적으로 꼬집는다. 하지만 피렌체라는 해독제도 함께 제공한다.

이탈리아의 도시 피렌체는 영국과 전혀 다르다. 피렌체는 체계보다는 즉흥성이 특징인 도시이고, 창백함이 아닌 열정의 도시이자 고지식함보다 생기가 넘치는 곳이다. 오늘날의 피렌체에도 이 모든 특징이 고스란히 남아 있다. 나치가 퇴각하면서

(유명한 베키오 다리를 제외하고) 오래된 다리들을 파괴했다. 또한 1966년에 닥친 홍수 탓에 많은 건물들이 붕괴되었으며 관광객들은 훨씬 더 맹렬하게 밀어닥쳤다. 그러나 도시 전체가 유네스코 세계유산으로 지정된 피렌체는 여전히 사람들의 넋을 잃게 만드는 강력한 매력을 지니고 있다.

순진한 아가씨 루시와 그녀의 보호자 격인 사촌 샬럿은 조용히 서리Surrey를 떠나 제대로 된 이탈리아 여행에 나선다. 그 과정에서 베데커 여행안내서의 지시를 착실하게 따르는 이들은 베르톨리니 펜션에서 아르노강이 아닌 안뜰이 내다보이는 방을 배정받고 곤혹스러워한다. 이때 영국인 부자(父子)가 강이 내려다보이는 자신들의 방과 바꾸자고 제안한다. 그리고 이 시점부터 성인기에 접어든 루시는 그때까지 받은 구식 교육과 새롭게 불타오르는 자립심 사이에서 갈등을 겪는다. 며칠 지나지 않아 그녀는 살인 현장을 목격하고 첫 키스도 경험한다. 루시에게 영국이 밋밋한 바닐라 맛이라면 피렌체는 알록달록한 온갖 과일 맛이 나는 곳이다.

지금 피렌체에 가면 《전망 좋은 방》에 등장하는 베르톨리니 펜션이나 이 펜션에 영감을 준 호텔에 묵을 수는 없다. 포스터는 1901년에 시미Simi 펜션에 묵었다. 아르노강의 북쪽 강둑에 자리하고 있어 강 너머로 산 미니아토San Miniato의 사이프러스

들과 아펜니노 산맥Appennino Mts. 기슭의 작은 산들을 볼 수 있었던 시미 펜션 또한 더 이상 존재하지 않는다. 어쨌든 1985년에 개봉된 영화 〈전망 좋은 방〉에서 불멸의 장면으로 남은 전망은 역사 지구의 지붕들이 내다보이는 아르노강의 남쪽 강둑에서 포착한 것이다.

그러나 루시가 그랬듯 어느 숙소에 묵든 어디를 걷든 상관없다. 피렌체 중심부의 뼈대는 르네상스 시대 이후로 거의 바뀌지 않았다. 그때와 똑같이 오밀조밀하고 복잡한 골목을 따라 우아한 궁전과 웅장한 교회와 중세의 예배당들이 늘어서 있다. 또한 우피치Uffizi나 바르젤로Bargello 미술관처럼 티치아노와 보티첼리와 도나텔로와 라파엘로의 작품들이 전시되어 있는 세계 최상급의 미술관들이 있다. 아울러 전시관에 진열할 법한 조각품들이 복도나 광장 등 여기저기에 흩어져 있어 쉽게 감상할 수 있다.

소설 속 루시처럼 그라치에 다리Ponte alle Grazie(현재의 다리는 원래 1227년에 세워졌던 것을 제2차 세계 대전 이후에 다시 세운 것이다)를 지나서 그라치에 강변길을 따라 오른쪽으로 방향을 틀면 산타 크로체Santa Croce 성당으로 가는 '몹시 질척질척한 뒷길'에 들어서게 된다. 루시는 길을 잃고 거리를 헤매다가 산티시마 안눈치아타 광장Piazza della Santissima Annunziata에 다다르게 되고, 보육원 건물을 장식하고 있는 천사 모양의 부조들을 감탄 어린 눈으로 바라본다. 그렇게 아름다운 것은 생전 처음 보았기 때문이다.

마침내 루시는 산타 크로체 성당 앞에 도착한다. 이 놀라운 신(新) 고딕 양식의 정면은 19세기에 추가된 것이다. 13세기에 건립된 산타 크로체 성당의 어마어마하게 넓고 검소한 내부로 들어가면 조토와 다른 대가들의 독보적인 프레스코화뿐만 아니라 미켈란젤로와 마키아벨리의 무덤이 있다.

그 외에도 감탄하며 볼 것들이 많아 최고로 여겨지는 예술 작품들을 감상하면서 큰 만족감을 얻는데, 포스터는 바로 이와 같은 부르주아적인 특성을 풍자한다. 하지만 어쩌면 루시처럼 산타 크로체 성당에 아무런 흥미를 느끼지 못할 수도 있다. 동의하지 않는 사람도 있겠지만, 피렌체는 공부하고 둘러볼 때보다 느꼈을 때 가장 좋기 때문이다.

나중에 루시는 피렌체의 가장 대표적인 광장이자 오랜 세월 동안 정치 중심지였던 시뇨리아 광장Piazza della Signoria에 서게 된다. 베키오 궁전Palazzo Vecchio이 떡 버티고 있는 이 광장은 진정한 야외 박물관이다. 미켈란젤로의 다비드 상이 근처에 있는 아카데미아 미술관으로 옮겨지기 전에 전시돼 있던 자리에 그 복제품이 서 있다. 루시가 살인을 목격하고 기절하면서 조지 에

머슨에게 안겨 그녀의 인생이 새로운 궤도에 들어서게 된 곳이 바로 이 광장이다. 페르세우스가 메두사의 머리를 들고 있는 첼리니의 조각상을 보고 있노라면 섬뜩한 일이 벌어질 것도 같지만, 앞으로 이곳을 찾는 이들은 부디 유혈사태를 목격하지 않기를 바란다.

《전망 좋은 방》에 나오는 영국인들을 따라서 말이나 마차가 아닌 버스를 타고 피렌체 도심에서 북동쪽에 위치한 아담한 구릉 지역인 피에졸레Fiesole에 가볼 수 있다. 피렌체 사람들은 녹지공간을 찾아 이곳에 간다. 피에졸레에서 바라보는 아르노 계곡은 장관이다. 기회가 된다면 조지와 루시처럼 제비꽃밭에서 슬그머니 키스하게 될 수도 있다.

피렌체는 지상층의 대단히 귀중한 미술품부터 두오모 성당의 둥근 지붕 끝에 이르기까지 문화적으로 숭고한 곳이다. 하지만 또한 감각을 불러일으키는 도시이기에 피부에 닿는 피렌체의 뜨거운 햇볕을 느낄 때 생기가 도는 곳이기도 하다. 느긋하게 점심을 먹고 선선한 오후에 천천히 산책을 하고 주홍빛 노을을 바라보며 맛 좋은 키안티Chianti(이탈리아산 적포도주–옮긴이)를 홀짝일 때, 정보 탐색을 멈추고 '오로지 푸른 하늘과 그 밑에서 살아가는 남자와 여자들'에 대해 생각할 때도 말이다.

작품명 엘레나 페란테의 《나의 눈부신 친구》(2011)
무대 성인이 되어가는 두 명의 소녀에게 불결하고 위험한 이탈리아 남부 도시

나폴리
NAPOLI

빽빽하게 들어찬 지저분한 흰색의 아파트 단지에 역겨운 열기가 가득하다. 판제로토를 튀기고 토마토를 익힐 때 나는 냄새에 쓰레기 악취와 지린내가 섞이고, 2행정 엔진 오일 냄새와 방치되어 곧 썩으려는 생선 냄새까지 더해 탁해진 공기가 후끈하다.

창문이 없는 1층에 사는 이들이 문간에 나와 채소를 다듬고 담배를 피우면서, 알아들을 수 없는 노래를 부르는 듯한 사투리로 기차가 지나갈 때처럼 왕왕대며 잡담을 나눈다. 침과 톱밥이 뒤섞인 술집에서는 희망을 잃은 이들이 현실에서 벗어나기 위해 술을 마신다. 하지만 어딘가에서 종소리가 울리고 책가방을

멘 아이들이 친구들과 운동장을 달려가는데, 어쩌면 이 아이들은 마음속으로 더 밝은 미래를 꿈꿀지도 모른다…….

1950년대의 나폴리는 어둠에 뒤덮여 있었다. 1944년에 갑자기 폭발했던 베수비오산의 늘 존재하는 위험 때문만은 아니었다. 바로 거리마다 배어 있는 비참함 탓이었다. 빈곤과 불결함이 일상일 만큼 사회경제적으로 비참한 현실에, 화산같이 금방이라도 폭발할 것 같은 폭력까지 언제든 터져버릴 수 있었다. 남부에 자리한 나폴리는 2차 세계 대전 전에도 가난한 도시였지만 전후에 더 황폐해졌다. 이탈리아의 다른 도시들과 비교가 안 될 정도로 200번 가까이 폭격을 당했기 때문이다. 부자들은 돈을 써서 나폴리를 빠져나갈 수 있었지만 대다수 나폴리 시민들은 폐허 속에서 근근이 살아가야만 했다.

엘레나 페란테Elena Ferrante는 자신의 '나폴리 4부작'의 주인공들인 엘레나 '레누' 그레코와 릴라 체룰로를 바로 이렇게 불결하고 위험한 환경에 빠뜨린다. 4부작의 첫 번째 소설 《나의 눈부신 친구*My Brilliant Friend*》는 20세기 중반에 삶의 전망이 암울한 나폴리 교외 지역에서 성인이 되어가는 발랄한 두 소녀의 행로를 뒤따라간다.

이 소설의 저자는 페란테라는 필명을 쓰고 자신의 실명을 밝히지 않았듯(작가의 정체는 여전히 미스터리다), 소설의 핵심 배경

인 '동네'의 이름도 알려주지 않는다. 하지만 이곳이 나폴리 중앙역의 바로 동쪽에 자리하고 있으며 포조레알레Poggioreale 교도소와 접해 있는 노동자 주거지인 리오네 루차티Rione Luzzatti임은 널리 알려져 있다. 아직도 카모라(camorra, 나폴리 마피아)의 손아귀에 있는 루차티 지구는 불결하고 범죄로 악명 높다. 하지만 파시즘 시대에 지은 건물들과 빗장을 지른 창문, 그리고 낙서 자국이 즐비한 이곳의 골목길에는 나폴리의 옛 정취가 남아 있다.

널찍한 타데오 다 세사 거리Via Taddeo da Sessa는 《나의 눈부신 친구》에 나오는 악명 높은 큰길로, 이 길을 죽 따라가다 보면 잔투르코 거리Via Gianturco가 나온다. 바로 이곳에 '세 개의 출입구가 있는 어두컴컴한 터널'이 있다. 소설 속에서 레누와 릴라는 해변을 걸어보고 싶어서 이 터널 속으로 들어가 처음으로 도망을 시도한다. 두 소녀는 바다에서 멀지 않은 항구도시에서 살고 있으면서도 바다를 직접 본 적이 없었기 때문이다.

루차티 지구의 중심부에 들어서면 《나의 눈부신 친구》에 등장하는 인물들이 마법처럼 살아나는 듯하다. 마치 제빵사 스파뉴올로 씨가 걸쭉한 크림과 바삭한 스폴리아텔라를 만들고, 현대적인 엔초가 손수레가 아닌 자동차 보닛에 과일을 펼쳐놓고 팔고 있으며, 멜리나 카푸초 같은 '미친 과부'가 길가에 널어놓

은 빨래 너머로 소리를 지르고 있는 것 같은 느낌이 든다.

이 모래가 버석거리는 투박한 동네와 대조적인 나폴리를 보려면 바다에 면한 키아이아Chiaia 지역을 가보라. 반짝거리고 깨끗하게 손질된 이곳에는 '다른 공기를 마시는' 것 같은 여자들이 살고 있다. 레누와 릴라는 가끔 이 세련된 동네를 기웃거리는데, 페란테는 소설 속에서 이곳을 굉장히 정확하게 묘사하고 있다.

두 소녀와 부유하고 고상한 사람들을 따라 키아이아 길을 걷다 보면 필란기에리 거리Via Filangieri에 자리한 고급 양복점들을 볼 수 있고 이어서 마르티리 광장Piazza dei Martiri의 순국 기념비를 지나면 녹음이 무성한 시립 공원이 나온다. 레누는 이곳을 걷고 있으면 "군중이 밀집해 있고 일종의 굴욕적인 위화감이 밀려들어 국경을 넘는 것 같았다"고 말한다.

끝으로 카라치올로 거리Via Caracciolo에 이르면 "바다표범이다!"라고 외치게 만드는 바다가 펼쳐지고 언제든 폭발할 듯한 베수비오산이 보인다. 마치 저 멀리 완전히 새로운 세상이 있을 것만 같다. 그런데도 등 뒤로는 끓을 것처럼 뜨겁고 지저분하며 아주 아름답고 매혹적인 나폴리가 있어, 사람들은 나폴리의 강력한 힘에 이끌려 다시 뭍으로 올라서게 된다.

작품명	알프레트 되블린의 《베를린 알렉산더 광장》(1929)
무대	어둡고도 눈부신 과거를 지닌, 독일의 지칠 줄 모르는 수도

베를린
BERLIN

생명체들이 알렉산더 광장 주변으로 떼지어 모여든다. 에스반S-Bahn 기차와 트램이 끊임없이 사람들을 쏟아내고, 널찍하게 포장된 광장을 서둘러 빙 돌아 빠져나간다. 사람들은 눈으로 백화점과 광고판을 훑어보고 켓부어스트Ketwurst(독일식 핫도그)를 입에 넣으며 대화를 나눈다. 은행가든 건축업자든 간통자든 사기꾼이든 저마다의 시련을 겪고 환희에 젖는다. 베를린이라는 대도시에서 각자 자신만의 이야기를 써 내려간다…….

《베를린 알렉산더 광장*Berlin Alexanderplatz*》의 저자 알프레트 되블린Alfred Döblin에게 베를린은 특별한 도시였다. 그는 거기서 자랐고 슬럼가 중 한 곳에서 의사로 일했으며 한때는 자칭 '다른 도시와 지역에 대해서는 어렴풋이만 알고 있던 베를린 사람'이었다. 그러나 1933년에 일어난 국회의사당 방화사건 이후 좌파 성향의 유대인에게 베를린은 위험한 곳이 되었고, 되블린은 어쩔 수 없이 떠나야 했다. 하지만 되블린은 망명 전, 독일이 아돌프 히틀러의 광기에 속박되기 전에 명작 《베를린 알렉산더 광장》을 집필했다.

바이마르 공화국 시절인 1929년에 출간된 이 소설은 살인 전과자인 프란츠 비버코프가 출소하면서 시작된다. 비버코프는 바르게 살기로 마음먹지만 베를린의 범죄 세계에서 벗어나지 못한다. 그는 갱단에 들어가 강도짓을 하고 팔을 잃고, 창녀에게 위안을 얻지만 그녀를 살해했다는 누명을 쓰고 천천히 미쳐간다. 되블린은 이 책이 비버코프의 이야기를 담고 있지만 영웅적 자질이 없는 비참한 주인공이 당시 세계에서 세 번째로 큰 도시였던 베를린에서 살아남기 위해 분투하는 많은 인간 군상 중 한 명에 불과함을 선명하게 드러낸다.

되블린은 신문기사, 성경 이야기, 술자리에서 부르는 노래, 그리고 도시 특유의 속어를 표현주의 콜라주 기법으로 연결시켜 베를린에 활기를 불어넣는다. 동시에 하수구에서부터 위로 올라가면서 도시의 소음과 기계류와 기상과 세속성과 흉악성을 기록한다. 소설의 마지막 장을 넘길 즈음에는 베를린의 소리가

8 9 10 11 12 13 14 15

들리고 공기가 맡아지며 마치 그곳에 있는 듯한 느낌이 든다.

《베를린 알렉산더 광장》의 배경에는 폭력과 몸부림과 죄가 난무한다. 사건이 일어나는 시대적 배경은 독일이 1차 세계 대전에 따른 침체의 늪에서 빠져나오는 중이었던 격변의 1920년대 말이다. 이 시기에 경제는 환난에 가까웠고 정치는 불안했다. 하지만 사람들이 끔찍했던 당시의 상황에서 벗어나 잠시 숨 돌릴 것들을 찾으면서 문화는 전례 없을 정도로 활력과 창의력이 넘쳐났고 자유주의가 꽃을 피웠다.

《베를린 알렉산더 광장》은 이와 같이 복잡하고 다난한 시절을 짧게나마 엿보게 해준다. 당시 건축과 미술과 문학이 번성하고 벼락부자들이 퇴폐적인 삶을 주도했지만 프롤레타리아 계층은 굶주렸다. 일례로 1928년에 실업 상태에 놓인 베를린 사람들의 수가 13만 3,000여 명에 달했다. 또한 뭔가 나쁜 일이 일어날 것 같은 예감도 감돌았다. 히틀러는 이 소설이 출간되기 1년 전인 1928년에 베를린에서 첫 대중연설을 했다. 나치즘이 세상을 집어삼킬 날이 멀지 않았던 셈이다.

'알렉스(알렉산더 광장의 줄임말—옮긴이)'는 지리적으로나 문화적으로 베를린의 심장부인 미테Mitte 지구에 자리한다. 알렉산더 광장은 중세 시대부터 교통의 요충지였으며 19세기에는 그 지역에서 가장 중요한 광장으로서 우시장으로 쓰였다. 하지만

1920년대에 이르러서는 베를린의 가장 활기찬 장소로서 나이트클럽, 스트립쇼, 매춘부, 마약 거래상, 그리고 야한 옷차림과 동성애의 온상이 되었다.

오늘날의 알렉스는 그때와는 다른 모습이다. 2차 세계 대전 때 연합군의 폭격으로 크게 훼손되었지만 동베를린의 중심에 자리했던 1960년대에 재건되었다. 이때 광장은 보행자 전용으로 바뀌었고 측면에는 동독이 장려했던 단조로운 콘크리트 재질의 아파트 같은 건물이 들어섰다. 또한 거대한 센트룸 백화점(현재는 갤러리아 백화점)과 148개 도시의 시각을 알려주는 만국시계, 그리고 구리 그릇들로 이루어진 국제친선 분수처럼 눈에 확 띄는 대형 건축물들도 지어졌다.

그중에서도 단연 으뜸은 공산주의 국가의 위력을 과시하기 위해 1969년에 완공한 368미터 높이의 텔레비전 타워다. 이 탑은 아직까지 독일에서 가장 높은 건축물이다. 승강기를 타거나 986개의 계단을 올라가면 구 모양의 구역에 도달하게 되는데, 이곳에 있는 방문객 승강장과 회전식 식당에서 탁 트인 전망을 즐길 수 있다.

작품명	크누트 함순의 《땅의 혜택》(1917)
무대	조용한 영웅들이 활개 칠 것 같은, 인상적인 노르웨이 황무지

노를란

NORDLAND

졸졸 흐르는 시냇물 한 모금, 월귤나무 열매 한 줌, 잠시 쉬어가도 좋을 이끼로 뒤덮인 통나무. 노를란의 땅이 선사하는 것들이다. 보이지 않지만 착실하게 땅속에서 영근 흙이 가문비나무와 소나무, 아주 작은 양치식물과 소똥버섯, 그리고 페인트를 흩뿌려놓은 듯 피어난 야생화들을 무럭무럭 자라게 한다. 토끼 한 마리가 깡충깡충 풀밭을 달려가고, 들꿩이 야생화 꽃밭에서 푸드덕거리며, 숲 사이로 쏴 하고 부는 바람 소리 말고는 사방이 고요하다. 이곳은 현존하는 땅이다. 하지만 과거에도 이런 곳이 있었을 것이다. 조심스럽게 소망을 담아 말하자면 미래에도 존재할 수 있는 곳이다. 시간이 흘러도 변치 않는 소박하면서도 경외감을 불러일으키는 땅…….

노를란주(州)는 노르웨이 국토의 3분의 1을 차지하고 있지만 거주민은 전 국민의 5퍼센트밖에 되지 않는다. 그래서 그런지 현재까지도 개척지 같은 느낌이 든다. 해안의 산들과 아슬아슬한 피오르, 소나무와 자작나무와 사시나무들이 펼쳐진 풍경. 사미족과 오래된 미신과 북극광과 백야의 땅. 크누트 함순Knut Hamsun을 빚어낸 세상.

함순은 1859년에 노르웨이 중앙 지역에서 소작농의 아들로 태어났다. 하지만 유년기는 북극권의 북쪽에 자리한 하마뢰위Hamarøy에서 삼촌의 농장 일을 거들며 보냈다. 그는 아홉 살이 될 때까지 학교에 다니지 않았다. 함순의 어릴 적 배움의 장은 바로 땅이었다. 그리고 그 땅이 그의 명작 《땅의 혜택*Growth of the Soil*》의 주인공이다.

1917년에 출간된 이 소설은 강인하고 무뚝뚝한 정착지 농부인 이사크와 구순구개열 기형이 있고 '손은 거칠지만 손끝이 야문' 아내 잉에르의 고요하면서도 용기 있는 노력을 담아낸다. 처음에 이사크는 '땅 한 뙈기'를 찾아 홀로 황무지로 들어선다. 일굴 곳을 정한 이사크는 나무를 베어내고 잡초를 골라낸 뒤 씨를 뿌리고 맨땅에 오직 땀과 근력으로만 집을 짓는다. 그야말로 과소평가된 주인공이 아닐 수 없다. 몇 계절이 흐르는 동안 이

사크는 잉에르를 만나 자식을 낳고 '별일 없이 순리대로' 살아간다. 물론 영아살해처럼 암울한 순간들도 등장하지만 이 소설은 온통 단순한 아름다움뿐인 시골 생활을 떠올리게 해준다.

《땅의 혜택》은 큰 인기를 끌었다. 1920년에 함순은 농부의 고군분투를 그린 이 대하소설 덕분에 노벨 문학상을 받았다. 《땅의 혜택》은 20세기 초반에 노르웨이 정부가 공여한 농지를 개척한 이들의 삶을 압축해서 보여준다. 노르웨이는 1905년이 되어서야 완전한 독립을 이뤘다. 함순은 농경사회와 조국, 그리고 피와 흙으로 이루어진 자연을 사랑하는 저자로서, 땅을 일구는 남자의 이야기를 통해 국가 건설에 대한 자신의 신념을 드러낸 셈이었다.

이와 같은 신념은 사악한 결과를 낳았다. 나치 독일의 정신과 매우 흡사한 신념을 지녔던 함순은 대놓고 아돌프 히틀러를 지지하였고, 1940년에 나치가 노르웨이를 점령한 이후 나치에 협력한 국민연합당의 당수 비드쿤 크비슬링의 편을 들었다. 함순은 심지어 노벨 문학상 메달을 요제프 괴벨스에게 선물로 주기까지 했다.

이러한 행보는 함순의 명성에 먹칠을 했다. 일부 학자들은 그를 당대 최고의 작가를 넘어 '현대 문학의 아버지'로까지 칭송했지만, 함순의 작품이 아무리 뛰어나다 해도 2차 세계 대전 기

간에 그가 보인 태도를 잊지 못하는 이들이 많다.

이런 오점 때문에 노르웨이의 가장 위대한 노벨상 수상자들 가운데 한 사람인 함순은 탄생 150주년이 되던 해인 2009년이 되어서야 비로소 대대적으로 기념되었다. 크누트 함순 센터는 하마뢰위 프레스테이드 마을의 글리마 강둑에 자리하고 있는데, 현지의 목조교회와 잔디 뗏장 지붕, 그리고 바위투성이 산에서 건축적 영감을 받아 지어진 건물이다. 이곳을 둘러싸고 의견이 분분하긴 하지만 여기에 가면 함순의 이야기와 세계관을 엿볼 수 있다. 함순에게 영감을 불어넣어준 전원 풍경이 내려다 보이는 센터 꼭대기의 전망 또한 더할 나위 없이 아름답다.

이사크와 잉에르가 일군 땅인 노르웨이의 노를란에 깃든 영혼 자체는 전혀 논란거리가 되지 않는다. 노를란의 언덕과 피오르와 숲을 찾아 감상하는 것은 정치와 무관하다. 누구나 평등하게 그 기쁨을 누릴 수 있다. 실제로 노르웨이에서는 자연 접근권 법에 따라 아주 정중한 태도로 임하기만 하면 누구나 남의 땅에서도 하이킹과 캠핑을 하고 식량을 구할 수 있다. 누구나 초목이 우거진 곳에 들어가 적어도 하룻밤 정도는 자기 땅인 양 자연을 만끽할 수 있다.

작품명 표도르 도스토옙스키의 《죄와 벌》(1866)
무대 인간의 영혼을 어지럽힐 수 있는 제정 러시아의 도시

상트페테르부르크
SANKT PETERBURG

7월의 상트페테르부르크는 습하고 숨이 막히며 마음을 꿰뚫어 볼 듯이 환하다. 여름의 '백야' 기간 동안 해는 좀처럼 지지 않는다. 7월 중 거의 24일간이나 운하와 바로크 양식의 돔과 신고전주의 양식의 궁전, 그리고 구 소련 시대에 지은 고층 아파트에 햇살이 반짝거린다.

햇빛은 마치 모든 것들을 보여주기라도 하겠다는 듯 조명등처럼 방향을 휙휙 바꾼다. 아니, 어쩌면 그렇게 뚫어지게 쳐다본다는 생각이 드는 것인지도 모른다. 가난과 도덕성과 신앙과 살인 같은 문제들로 머릿속이 뒤죽박죽되어 안절부절못한 탓에 말이다…….

18세기 초반에 표트르 대제가 창건한 상트페테르부르크는 러시아의 '서방을 향한 창' 역할을 할 예정이었다. 계약 노동자들이 습지에 세운 이 근대 도시는 빠르게 성장했다. 1860년대 즈음에 상트페테르부르크에는 너무 많은 사람들이 살면서 가난과 범죄와 질병이 들끓었다. 이곳은 표도르 도스토옙스키Fyodor Dostoevsky의 도시이다.

디킨스의 런던처럼 도스토옙스키의 상트페테르부르크 또한 절망적이다. 도스토옙스키는 "페테르스부르크(상트페테르부르크의 옛 이름—옮긴이)만큼 인간의 영혼에 암울하고 혹독하며 이상한 영향을 미치는 곳은 거의 없다"고 썼다.

세계 최초의 심리 스릴러물인 도스토옙스키의 《죄와 벌*Crime and Punishment*》에서 가난한 휴학생 라스콜리니코프는 돈이 절실해지자 파렴치하고 늙은 전당포 주인을 죽이고 돈을 훔칠 계획을 세운다.

이런 일에 정신적 고통이 뒤따르지 않을 리 없다. 이 소설은 시간과 장소에 뿌리를 두고 있는 이야기이다. 1866년경 7월의 상트페테르부르크 거리에서 났음 직한 악취와 숨 막힐 듯한 공기가 물씬 풍길 뿐만 아니라 사회를 분열시키고 있던 커다란 철학적 논쟁을 깊이 파고든다. 당시 러시아 사회는 자국이 유럽에서의 입지를 그대로 받아들여야 할지, 아니면 러시아의 민속 전

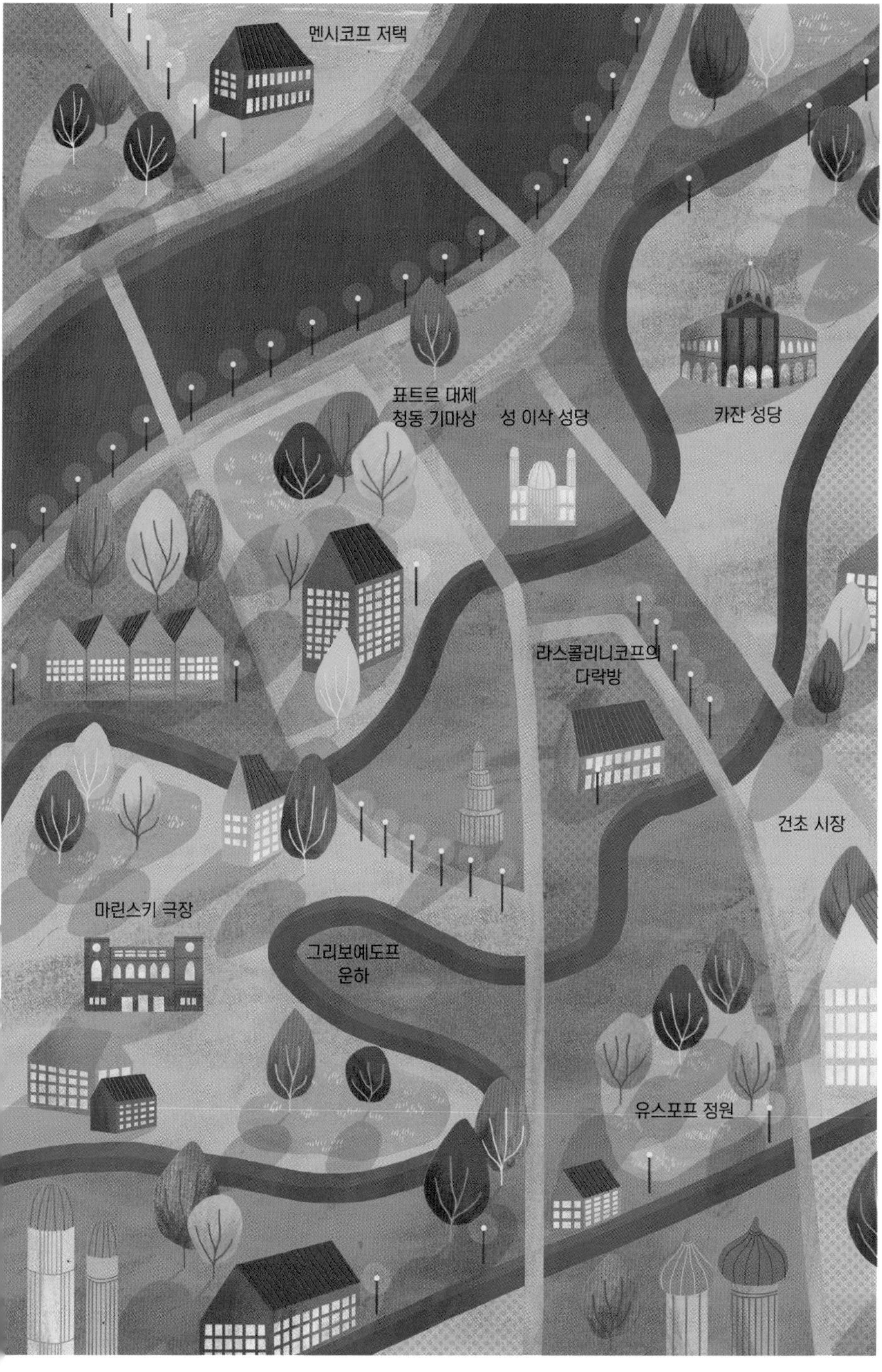
멘시코프 저택
표트르 대제
청동 기마상
성 이삭 성당
카잔 성당
라스콜리니코프의
다락방
건초 시장
마린스키 극장
그리보예도프
운하
유스포프 정원

통으로 회귀해야만 할지를 놓고 의견이 분분했다. 보수주의자이자 신앙심이 깊고 슬라브주의를 신봉했던 도스토옙스키는 후자를 지지하는 이로서, 서방에서 허무주의와 합리적 이기주의, 세속주의 같은 사상이 부상하고 있는 세태가 러시아의 미래에 위험하다고 봤다.

이러한 사상들은 라스콜리니코프를 괴롭히는 것이기도 해서 그가 겪는 내적 혼란이 그의 외부 세계로 드러난다. 《죄와 벌》은 상트페테르부르크의 웅장함을 담아내는 대신 그곳의 더러운 밀실과 사창가와 침 자국이 끈적거리는 여인숙을 천천히 훑는다.

사건은 건초 시장 지구인 센나야Sennaya 광장을 중심으로 전개된다. 19세기에 이곳은 비좁고 무질서하기로 악명 높은 빈민가였다. 현재 이 일대는 옛 모습이 완전히 사라지고 말끔히 정비되었다. 다만 구 시장 주변에 초창기 건물이 하나 남아 있는데, 도스토옙스키가 1874년에 검열법 위반으로 이틀 동안 수감됐던 노란색의 유치장 건물이다.

라스콜리니코프는 자신이 세 들어 살고 있는 다락방에서 전당포 주인의 집까지 몇 걸음이나 되는지 세어본다(총 730걸음이다). 라스콜리니코프가 했던 대로 범죄 현장까지 걸어서 갈 수 있다. 주인공답지 않은 이 소설의 주인공은 스톨랴르니 골목길Stolyarny Pereulok과 그라즈단스카야 거리Grazhdanskaya Ulitsa가 만나는

모퉁이에서 살았다. 현재 이곳에 가면 해당 건물임을 알려주는 표석이 붙어 있는데 표석에 적힌 문구를 대략 옮기면 다음과 같다. "이 지역 사람들의 비극적 운명을 바탕으로 도스토옙스키는 전 인류에게 선을 열정적으로 설파하게 되었다."

라스콜리니코프는 결국 전당포 주인을 죽이고 돈을 갈취하기로 결정하고 도끼를 구한다. 그리고 에움길에 들어서서 당시 우중충한 술집과 주정꾼들이 넘쳐나 '참을 수 없는 악취'가 풍기는 골목이었던 스톨랴르느니 거리를 따라 천천히 남쪽으로 향한다. 도스토옙스키 자신도 《죄와 벌》을 쓰는 동안 이 지역의 카즈나체이스키 거리 모퉁이에서 살았다.

라스콜리니코프는 스톨랴르느니 골목길을 따라 그리보예도프 운하를 가로지르는 코쿠시킨Kokushkin 다리(당시에는 나무다리였지만 현재는 철제 난간으로 되어 있다)로 간다. 혁명 이전까지 상트페테르부르크의 중심을 통과하는 이 운하의 공식 명칭은 예카테리나 대제의 이름을 딴 예카테리닌스키Ekaterininsky였다. 그러나 운하 가까이에 사는 이들은 당시 이곳이 옥외 오물통이나 다름없었기에 개천(kanava)이라고 불렀다. 요즈음 이 운하는 말끔히 정비되고 주변에 화려한 건물들이 들어서면서 상트페테르부르크에서 가장 멋진 거리가 되었다.

코쿠시킨 다리를 건넌 라스콜리니코프는 유스포프 정원을

따라 걸어간다. 그리고 이 정원에서 그는 '공기를 상쾌하게 하는' 분수를 설치하는 꿈을 꾼다. 유스포프 정원은 이제 공원으로 바뀌어 누구나 들어가 호숫가를 거닐 수 있다. 20분 후 라스콜리니코프는 전당포 노파가 사는 아파트에 도착한다. 그리보예도프 운하길 104번지로 여겨지는 이 아파트 건물은 운하와 옆길 양쪽 모두에 출입구가 있어서 흉악범이 달아나기에 더할 나위 없이 유리했다. 현재는 개인 주거지이기 때문에 안에 들어가 볼 수는 없다.

도스토옙스키의 자취를 좀 더 가까이 느끼고 싶다면 쿠즈네츠니 골목길Kuznechnyy Pereulok 5/2를 찾아가 보라. 이곳은 도스토옙스키가 임종을 맞은 집으로 현재는 박물관이다. 만약 도스토옙스키의 무덤을 참배하고 싶다면 알렉산드르 넵스키 수도원을 방문해 보라.

작품명 어니스트 헤밍웨이의 《누구를 위하여 종은 울리나》(1940)

무대 전장이 된 스페인의 장대한 산맥

과다라마 산맥
SIERRA DE GUADARRAMA

늦은 오후, 해는 산 너머로 기울면서 스페인산 가시금작화와 향나무와 소나무로 뒤덮인 비탈을 슬며시 쓰다듬고 협곡 아래로 떨어졌다가, 곧이어 적막한 다리 뒤 흐르는 개울 속으로 가라앉는다. 시원한 산 공기가 날이 저물면서 한층 더 서늘해진다. 숲은 고요하고 평화롭다. 이런 곳 가까이에 수천 구의 시체들이 묻혀 있다고 상상하기는 어렵다. 하지만 곳곳에 손상된 자국이 보이며 바위와 흙과 낙엽 사이에 여전히 탄피가 흩어져 있다. 이 평화로운 곳이 한때는 전쟁터였다…….

과다라마 산맥(시에라 데 과다라마)은 마드리드 바로 북쪽의

Candido
HORNO ASAR

몹시 건조한 고원지대에서 뻗어나간다. 여름에는 다 태워버릴 듯 몹시 덥고 겨울에는 눈이 매섭게 내린다. 이 장대한 산맥 덕분에 오늘날 마드리드 사람들은 상쾌한 공기를 마실 수 있지만 한때 이곳에는 총소리가 울려 퍼지고 유혈이 낭자했다. 스페인 내전(1936~1939) 당시 공화국 정부군과 프랑코 장군의 반란군 간의 전투에서(결국 공화파가 패하고 말았다) 과다라마 산맥은 가장 치열한 전쟁터였다. 산맥의 봉우리는 프랑코 진영과 공화파가 극렬하게 대치하는 접경지였다. 이 봉우리들에서 유격대는 몸을 숨긴 채 작전을 짜고 매복해 있다가 적을 궤멸시켰다.

어니스트 헤밍웨이Ernest Hemingway는 스페인 내전과 과다라마 산맥에 대해 잘 알고 있었다. 그는 내전 기간 마드리드에 머물며 북미신문연맹의 기자로 일했다. 프랑코 측이 마드리드에 폭격을 쏟아부을 때도 헤밍웨이는 기사를 발송한 뒤 도보나 말을 타고 과다라마 산속으로 들어가곤 했다. 전쟁으로 파괴된 스페인을 직접 경험한 것을 바탕으로, 그는 미국의 언어학 교수인 로버트 조던이 과다라마 산맥에서 공화파를 위해 싸우다가 죽는 이야기인 《누구를 위하여 종은 울리나*For Whom the Bell Tolls*》를 썼다. 헤밍웨이와 마찬가지로 조던도 스페인을 사랑하는 남자이다. 두 사람 모두 스페인의 불같은 열정, 투우, 남자다움을 과시하는 문화, 그리고 스페인 특유의 활력과 강렬함을 사랑한다.

조던은 이렇게 말한다. "내가 외국인인 게 내 탓은 아니잖소. 나도 차라리 여기서 태어났으면 좋았겠다 싶소."

이 소설은 1937년 5월 말에 나흘에 걸쳐 벌어진 일들을 담고 있다. 혼돈의 도가니인 소설 속 배경은 현실에 가깝다. 공화파와 프랑코 진영 간의 싸움뿐만 아니라 무정부주의자들과 공산주의자들 간의 내분, 프랑코주의자들과 팔랑헤 당원들 간의 내분까지 그리고 있기 때문이다. 또한 오랫동안 포위되어 있던 마드리드를 구하기 위한 공화파의 작전에 앞서 바야돌리드, 세고비아, 엘 에스코리알 공격처럼 내전 당시 실제 일어났던 전투들이 소설 속에서도 언급된다. 하지만 특정 철교를 폭파하는 작전처럼 소설에서 상세하게 묘사되는 사건들은 허구다.

일부에서는 헤밍웨이가 소설에서 묘사한 다리가 나바세라다Navacerrada 고개 북쪽 '벌레들의 강Rio de las Lombrices'을 가로지르는 돌다리라고 단정하기도 한다. 이 다리가 폭파됐다는 증거는 없는데도 말이다. 하지만 소나무로 뒤덮인 근처의 아름다운 산을 걷다 보면 전쟁의 흔적을 많이 볼 수 있다. 산비탈 여기저기에 벙커와 참호와 포좌가 흩어져 있다. 그러나 동굴은 없다. 헤밍웨이의 소설 속에서는 오합지졸의 공화파가 동굴에서 지냈다고 되어 있지만 과다라마 산맥의 딱딱한 화강암에는 사실상 그럴 만한 구멍이 생기기 어렵다.

《누구를 위하여 종은 울리나》에서 조던은 그가 맡은 폭파 임무의 더 큰 목적은 공화파가 세고비아를 탈환하는 데 있다는 말을 듣는다. 역사적으로 실재했던 세고비아 공격은 1937년 5월 31일에 시작되어 6월 6일에 공화파가 패하면서 끝났다.

다행스럽게도, 높이 치솟은 로마 수도교와 디즈니 영화에 영감을 준 알카사르 궁전이 있는 이 동화 같은 도시는 온전하게 남아 있다. 헤밍웨이가 한때 가장 좋아하는 요리인 코치니요 아사도cochinillo asado(새끼돼지 구이)를 맘껏 먹었던 칸디도 식당 또한 그대로 있다.

스페인 국왕 펠리페 2세의 명에 따라 16세기에 건설된 어마어마한 수도원 겸 궁전이자, 펠리페 2세의 아버지 이후 거의 모든 스페인 군주들의 무덤이 있는 고원 도시 산 로렌소 데 엘 에스코리알San Lorenzo de El Escorial도 온전하게 남아 있다. 거대한 화강암 십자가로 특징지어지는 '전몰자의 계곡(Valle de los Caídos)'은 브루탈리즘 양식(1950년대부터 1970년대까지 유행했던 건축 양식으로 콘크리트가 노출되는 등 거칠고 투박함—옮긴이)의 건축물로서, 논란이 많았던 곳이다. 프랑코의 무덤이 있었던 이곳은 스페인 내전 때 목숨을 잃은 이들을 추모하는 공간이기 때문이다.

작품명 미겔 데 세르반테스의 《돈키호테》(1615)
무대 바람이 휘몰아치고 풍차와 밀밭과 문학적 거인들이 있는 스페인의 평원

라만차
LA MANCHA

태양이 땅 쪽으로 슬그머니 사라지면서, 마지막 햇살이 고개 숙인 밀과 샛노란 꽃들과 아주 오래된 올리브나무 숲이 끝없이 펼쳐진 평원을 어루만진다. 산비탈을 차지한 채 싸움을 재촉하듯 기다란 팔을 흔들고 있는 거대한 하얀색 거인 군단이 그 빛살을 받아 반짝인다. 멀리서는 그렇게 호전적으로 보이는 이 막강한 괴물들이 사실은 전혀 해롭지 않음을 알 수 있다. 사람을 잡아먹는 거인이 아니라 풍차인데, 늦은 시간에 내려앉은 안개에 더해 상상의 나래를 펼치면서 괴물로 보인 것이다.

중세 시대 말에 스페인은 황금시대를 맞이했다. 국토회복운동을 마무리한 1492년경부터 17세기 중반까지 이베리아 반도

에서는 미술과 건축과 탐험이 번성했다.

콜럼버스가 신세계를 향해 출발했고, 벨라스케스와 엘 그레코는 붓으로 사람들의 감탄을 자아냈으며, 엘 에스코리알에서는 왕궁 수도원이 건립되었다. 또한 작가 미겔 데 세르반테스Miguel de Cervantes는 스페인 최고의 소설이자 아마도 역대 최고의 작품이 아닐까 싶은 《돈키호테*Don Quixote*》를 썼다.

세르반테스의 장대한 소설 《돈키호테》는 중년의 귀족인 알론소 키하노의 이야기를 담고 있다. 중세 배경의 기사도 무용담을 즐겨 읽던 그는 스스로를 돈키호테라고 칭하며 갑옷을 갖춰 입고 땅딸막한 시종 산초 판사와 길을 떠난다. 그 모습은 마치 말을 타고 다니면서 잘못을 바로잡고 기사도를 부활시키려는 르네상스 시대의 배트맨과 같다.

하지만 그의 무모한 행각은 계획대로 잘 풀리지 않는다. '슬픈 얼굴의 기사'는 자주 짓밟히거나 흠씬 두들겨 맞는다. 세르반테스는 필생의 역작인 이 소설에서 알론소가 그토록 사랑한 장르를 패러디해 문학계에 보편적인 진리와 묵직한 현실을 소개한다.

《돈키호테》의 공간적 배경은 라만차다. 마드리드 남쪽에 자리한 자연 그대로의 비옥한 평원인 라만차는 스페인에서 인구 밀도가 가장 낮은 지역이다. 소설에 묘사된 대로 이곳의 풍광은

웅대하다. 거의 무한대로 뻗어 있는 붉은 땅과 엷은 황갈색 농작물과 포도나무 덩굴 위로 쪽빛 하늘이 끝없이 펼쳐져 있다. 그 사이로 이따금 회반죽을 바른 풍차가 보이고 폐허가 된 이상한 성도 눈에 띄며, 드문드문 시골 여관들도 만날 수 있다. 그야말로 웅장한 모험이 펼쳐질 법한 곳이기도 하지만, 언제나 비현실적으로 느껴지는 규모와 뜨거운 공기와 애를 태우는 지평선 때문에 그냥 미쳐버릴 수도 있겠다 싶은 곳이다.

세르반테스는 소설에서 구체적인 장소를 거의 언급하지 않는다. 또한 그가 설정한 배경도 파악하기 힘들거나 여관이 성으로 바뀌고 시골 처녀가 공주로 변하는 등 돈키호테의 현란한 상상 속에서 변형되기 일쑤다. 하지만 라만차 전역에서 돈키호테의 흔적을 찾아가볼 수 있다. 이는 주인공이 '별로 기억하고 싶지 않은 곳으로 라만차 어딘가에 있는' 돈키호테의 집을 정확히 찾아내기 위해 마드리드 대학에서 수년간 단서를 판독하고 당나귀의 속도까지 추정한 교수들 덕분에 가능해진 일이다. 이 학자들은 마드리드에서 남쪽으로 225킬로미터 지점의 고원에 자리한 비야누에바 데 로스 인판테스Villanueva de los Infantes라는 마을을 돈키호테의 고향으로 확정했다.

세르반테스의 작품과 연관성이 있건 없건, 이 작은 마을은 충분히 매력적이다. 마을 곳곳에 16세기와 17세기에 건립된 교

회와 궁전들이 있으며 멋진 마요르 광장에는 돈키호테와 판사, 그리고 이들이 타고 다녔던 말들이 어슬렁거리는 모습을 재현해놓은 조각상들이 있다.

구릉지에 자리한 마을인 푸에르토 라피세Puerto Lápice는 《돈키호테》에서 실명으로 언급된 곳이다. 여기서 돈키호테는 여관 주인을 설득해 그에게 기사 작위를 받는다. 현재 이 여관은 개조한 터라서 원래 모습을 볼 수는 없지만 그 정취만큼은 느낄 수 있다. 또한 돈키호테의 상상 속의 연인으로 '초인적인 미인'인 둘시네아가 살던 마을 엘 토보소El Toboso도 찾아가볼 수 있다.

둘시네아 창조에 영감을 준 여인이 살았던 전통적인 16세기풍의 농가는 현재 박물관이 되었다. 이곳을 방문하면 철과 구리로 된 오래된 주방용품과 마구는 물론이고 포도주 저장시설과 올리브 압착기 등을 볼 수 있다. 망상에 빠진 돈키호테가 생각한 것처럼 귀족 아가씨가 아닌 시골 처녀 둘시네아에게 더 잘 어울리는 장소인 셈이다.

그러나 《돈키호테》의 정취는 심란하게 하는 라만차의 텅 빈 평원을 가로질러 캄포 데 크립타나Campo de Criptana로 향할 때 가장 잘 느낄 수 있다. 환영처럼 흐릿한 이 마을에 들어서면 언덕 꼭대기에 '거인' 같은 풍차들이 서 있고(이 장소가 바로 돈키호테가

'풍차에 맞서 생각지도 못했던 무시무시한 모험을 벌인' 곳이다), 그 아래 경사지 너머로 오래전 무어인들이 살았던 회반죽 일색의 중심지가 보인다.

세르반테스가 살았던 시대에는 이곳에 30~40개의 풍차가 모여 있었지만 현재는 13개만이 남아 있다. 이 풍차들은 특색 없는 평원을 향해 날개를 흔들며 스페인의 위대하면서 결점이 있는 주인공의 시야를 여전히 흐트러뜨리고 있다.

작품명 토마스 만의 《마의 산》(1924)
무대 현실 세계와 동떨어진, 스위스 알프스 산맥의 끝없는 전원

다보스
DAVOS

호텔 발코니에서 보이는 경치는 원기 회복제 같다. 마치 아름다운 얼음 욕조에 빠지는 것처럼 오싹하면서도 생생하게 다시 젊어지는 듯하다. 세상은 온통 눈 천지다. 바위와 우묵한 땅과 나뭇가지와 높은 봉우리가 눈으로 뒤덮여 두툼하고 보드라워졌다. 만물이 반짝거리고 겨울 해가 눈가루로 뒤덮인 비탈 전역에 다이아몬드를 흩뿌려놓는다. 마법의 산에 올라서면 현실 세계가 저 멀리 떨어져 있는 것 같다.

토마스 만Thomas Mann의 《마의 산*Der Zauberberg*》은 결핵에 걸려 스위스 요양원에 있는 사촌을 면회하러 갔다가 그곳에 눌러앉은 젊고 순진한 한스 카스토르프의 이야기이다. 카스토르프는

기꺼이, 다소 고립되고 방종한 요양원 생활에 합류한다. 의사들이 그의 육체적 건강을 호전시키려고 노력하는 사이, 그의 정신세계는 동료 환자들과의 대화를 통해 결국 확장된다.

카스토르프의 이야기는 토마스 만의 실제 삶과 약간 비슷하다. 1차 세계 대전 기간에 열렬한 애국자였던 이 독일 작가는 음울한 전쟁 후유증에 시달리면서 세계관이 변하는 경험을 하였다. 1924년에 《마의 산》이 출간되었을 때 토마스 만은 민주주의와 자유주의 쪽으로 기울며 좌파 성향으로 바뀌고 있었다. 하지만 이 소설은 한 가지 이념만을 담은 작품이 아니다. 《마의 산》은 세상을 이해하는 데에는 모순된 여러 방식이 있음을 분명히 한다.

《마의 산》은 또한 희박한 공기와 다보스에 틀어박혀 있는 베르크호프 요양원에서 다르게 흘러가는 시간의 속성을 곱씹는다. 외부 세계의 관심이 차단된 그곳에서는 몇 시간이고 몇 날이고 몇 달이고 몇 년이고 끊임없이 진수성찬이 제공되고 처방에 따른 휴식과 숲 산책과 지적 토론이 되풀이된다. 그리고 지적 토론 장면에서는 세계의 축소판처럼 러시아인, 이탈리아인, 아시아인, 폴란드인 등 다양한 국적의 인물들이 모여 안전한 중립국 스위스에서 문화와 철학을 논한다. 그러나 베르크호프의 환자들이 요양할 때 저 너머 유럽은 아프다. 《마의 산》의 이야

HOTEL SCHATZALP
샤츠알프 호텔
WALDHOTEL, DAVOS
발트 호텔

기는 유럽이 1차 세계 대전에 휩쓸리기 전인 1900년대에 시작된다. 카스토르프가 7년 후 결국 꿈같았던 알프스 산을 떠나는 이유도 참전 때문이다. 소설의 마지막 부분에서 그는 포탄이 떨어지는 진창을 절뚝거리며 걸어간다. 살아 있긴 하지만 '전망은 어둡다.'

지옥 같은 참호는 분명 토마스 만이 넋을 잃은 스위스 골짜기와 완전히 다르다. 그가 설정한 배경에서 '눈 덮인 알프스 산맥에 조각상처럼 우뚝 솟은 봉우리들은 숭고하고 신성한 기분'을 불러일으킬 수 있다. 그라우뷘덴Graubünden주에 자리한 고산 마을 다보스는 이제 매년 열리는 세계경제포럼 개최지로 가장 잘 알려져 있다. 하지만 19세기 중반까지만 해도 이 지역은 아픈 이들이 즐겨 찾는 곳이었다. 많은 의사들이 다보스의 고산 공기와 미기후(微氣候, 대지와 직접 닿은 대기층의 기후—옮긴이)가 병마 중에서도 특히 폐결핵을 물리치는 데 더할 나위 없이 좋다고 믿었다. 그래서 이곳에 스무 개 남짓의 요양원이 문을 열었고 환자들은 담요를 둘러쓰고 발코니에 나와 앉아 몇 시간씩 햇볕을 쬐었다. 또한 산책을 하고, 보드랍고 연한 우유와 포도주를 마셨으며, 상쾌하고 맑은 공기를 흠씬 들이마시곤 했다.

토마스 만이 《마의 산》에 등장시킨 베르크호프와 똑같지는 않지만 아주 비슷한 샤츠알프Schatzalp가 존재한다. 다보스 북쪽

의 산 중턱에 떠 있듯 높이 자리한 샤츠알프는 1900년에 고급 요양병원으로 개원된 곳이다. 지금도 이곳에 가려면 환자들을 몇 분 만에 실어 날랐던 케이블카를 이용하거나 도보로 가는 방법밖에 없다. 샤츠알프는 높이 자리하고 있어서 아래에 있는 마을보다 햇볕이 많이 들었다. 처음부터 자연광이 최대한 많이 들어오도록 남향으로 지었다고 한다. 아울러 발코니를 길게 빼고 바람을 막아주도록 만들어서 환자들이 의자에 기대앉아 햇볕을 쬐며 더할 나위 없는 경치를 즐길 수 있다.

샤츠알프는 1950년대에 페니실린 같은 혁신이 일어나 요양산업이 사양길에 접어들면서 호텔로 바뀌었다. 지금도 스테인드글라스와 채색 공작 그림부터 수백 년 된 배관에 이르기까지 아름다운 시절의 매력이 많이 남아 있다. 또한 요양병원이었음을 알 수 있는 흔적들도 볼 수 있는데, 호텔 바 위쪽으로 보이는 조명판은 그곳이 엑스선 촬영실이었음을 말해준다.

현재 곳곳에 《마의 산》에 나오는 문구가 적혀 있는 토마스 만 산책로가 샤츠알프에서 다보스까지 이어져 있으며 경유지에는 옛날에 '숲 요양원'이었던 발트 호텔이 있다. 숲 요양원은 폐질환을 앓던 카티아 만이 요양했던 곳이다. 1912년 봄에 그녀의 남편이었던 토마스 만은 아내를 면회 왔다가 이곳을 배경으로 소설을 쓰기로 마음먹었다…….

작품명 제인 오스틴의 《노생거 사원》과 《설득》(1818)

무대 조지 왕조 시대의 상류사회를 풍자하는 소설의 배경이 된, 영국의 아주 아름다운 도시

바스
BATH

오후 햇살에 로열 크레센트Royal Crescent의 꿀 색깔 석조가 빛난다. 말끔한 초록 잔디밭과 구름 한 점 없는 파란 하늘 사이로 찬란한 건축물이 솟아올라 있다. 이오니아식 기둥과 내리닫이창의 긴 행렬이 완벽한 대칭을 이루며 이어져 있는 가운데, 호기심에 가득 차 얼굴을 쳐든 채 입을 딱 벌리고 반들반들한 석판 위를 천천히 거니는 발소리가 타닥타닥 울려 퍼진다. 그야말로 장관이다!

하지만 흠잡을 데 없는 건물 정면과 우아한 테라스의 뒤쪽은 전혀 다른 모습이다. 반대편으로 돌아가 보면 너저분하고 가지런하지 않은 부속 건물과 증축물들이 있다. 앞모습이 여왕이라

면 뒷모습은 하녀인 셈이다. 대중에게 알려진 얼굴 이면에 사악한 진실이 감춰져 있다고나 할까…….

"아이참, 누가 바스를 지겨워할까?" 정말이지 누가 그럴까 싶다. 제인 오스틴Jane Austen이 고딕 소설을 유쾌하게 풍자한 작품인 《노생거 사원*Northanger Abbey*》의 여주인공 캐서린 몰런드는 19세기 초반에 서머싯Somerset 주에 위치한 바스의 매력에 대해 이렇게 말했다. 그리고 바스 도시의 매력은 오늘날까지도 이어진다. 영국 어디에도 바스만 한 곳이 없다. 바스만큼 원래 상태 그대로 완벽하게 보존된 곳이 없기 때문이다. 지금도 압도적인 초승달 모양의 건물들과 황금빛 거리를 따라 걷다 보면 복장만 다를 뿐 제인 오스틴의 시대로 곧장 되돌아간 듯하다.

바스는 경사진 전원 지역인 코츠월드Cotswold Hills의 남쪽 가장자리에 자리하고 있고 그 주위를 에이번Avon강이 감싸듯 흐르고 있다. 바스가 지금처럼 유명해진 데에는 영국에서 보기 드문 온천이 있기 때문이다. 로마인들이 바스에 '술리스의 물(Aquae Sulis)'이라는 신전을 겸한 정교한 목욕 시설을 세우면서 처음 온천이 개발되었다. 이후 신전은 폐쇄되어 결국 잊히게 되었지만(그러다가 1775년에 다시 발견되었다), 치유의 물인 온천은 계속해서 사람들의 사랑을 받았다.

18세기부터 왕족들이 연이어 방문하면서 바스는 상류층이

ΑΡΙΣΤΟΝ ΜΕΝ ΥΔΩΡ
THE
PUMP
ROOM

'초여름 사교기'에 온천욕을 즐기고, 마시고 먹고 관광하고 데이트를 하고 수다를 떨고 중매를 서러 오는 인기 있는 휴양지가 되었다. 이와 같은 위상에 걸맞게 바스는 조지 왕조 시대의 유행에 맞춰 정비되었다. 아버지 존 우드(1704~1754)와 아들 존 우드(1728~1782)는 바스 현지의 황금빛 석회암을 이용해 도시를 새롭게 단장했다. 이 기간에 이들 부자는 퀸 스퀘어Queen Square, 완벽한 원형을 이루고 있는 팔라디오풍의 건물인 더 서커스The Circus, 웅장한 어셈블리 룸Assembly Rooms, 고전적인 30채의 연립주택이 곡선으로 이어진 로열 크레센트 등 아주 아름다운 거리와 건물들을 설계하였다.

제인 오스틴은 1801년에 바스로 이주해 1806년까지 살았다. 이 시기에 바스는 비록 상류층의 휴양지로서 인기가 잦아들기 시작했지만 가장 통일성 있고 위풍당당한 도시 경관을 자랑했다.

오스틴이 바스에 특별히 반한 것은 아니었다. 타고난 전원생활자였던 그녀의 눈에는 바스가 천박함과 허세에 짓눌려 있는 듯 보였다. 하지만 창작 소재들이 넘쳐나는 곳이었다. 예의범절과 체면에 사로잡혀 있는 도시 전체가 재치 있고 신랄하게 사회 현실을 담아내는 그녀의 소설에 유용한 배경이 돼주었다. 제인 오스틴이 사망한 직후인 1818년에 한 권으로 처음 출간된 두 편의 소설 《노생거 사원》과 《설득*Persuasion*》에서도 부분적으로 바스가 배경으로 등장한다. 이들 소설에는 바스뿐만 아니라 섭정 시대의 영국 상류층의 모습이 생생하게 묘사되어 있다.

무도회와 파티는 상류층의 중요한 삶의 일부였다. 《노생거 사원》의 캐서린과 《설득》의 앤 엘리엇뿐만 아니라 제인 오스틴 자신도 바스의 어셈블리 룸에서 열리는 모임에 참석했다. 1771년에 문을 연 어셈블리 룸에는 옥타곤 룸the Octagon Room, 볼 룸Ball Room, 카드 룸, 그리고 티 룸Tea Room 등 네 개의 공중 공간이 있어 모든 종류의 사교가 가능했다. 높이 치솟은 천장에 달려 있는 18세기의 거대한 크리스털 샹들리에는 여전히 눈이 부시다. 오스틴 일행은 그 아래에서 춤을 추고 소곤거렸을 것이다. 현재 이 회관 건물에는 패션 박물관도 있어 조지 왕조 시대의 모자와 의복들을 감상할 수 있다.

펌프 룸Pump Room 또한 오스틴이 살던 시대에 꼭 들러야 하는 곳이었다. 상류사회 사람들은 바스 사원 근처에 자리한 주랑으로 되어 있는 이 건물에 방문해 약수나 애프터눈티를 즐기거나 오케스트라 연주를 들었다. 아니면 "한 시간 동안 뽐내며 이리저리 걸어 다니며 모든 사람을 쳐다보면서 정작 누구에게도 말을 걸지 않았다."

바로 이 펌프 룸을 짓기 위해 사전 조사를 하던 중에 로마인

들이 세운 복합 건물이 재발견되었다. 현재 이 웅장한 만남의 장소 일부를 훌륭한 로마 목욕탕 박물관으로 꾸며놓아서 아래쪽으로 내려가면 고대 온천탕과 사원과 온돌 등을 볼 수 있다. 펌프 룸의 멋진 본관에서는 케이크와 핑거 샌드위치를 먹을 수 있고, 왕의 온천에서 나오는 치유력이 있지만 불쾌한 맛이 나는 광천수를 맛볼 수 있다.

바스의 진정한 아름다움 중 하나는 너무나 많은 부분이 변하지 않고 그대로 있다는 점이다. 역사적 건물뿐만 아니라 도로 구획까지 옛 모습 그대로 보존되어 있다. 일례로 오스틴의 소설 속 등장인물들은 활기 넘치는 밀섬가Milsom Street에서 쇼핑하는데, 이 거리는 지금까지도 바스 최고의 쇼핑가 중 한 곳이다. 이 거리의 현대적인 상점 앞에서 고개를 들고 건물 꼭대기를 올려다보면 과거로 되돌아간 듯한 느낌을 받는다.

작품 속 등장인물들은 또한 여전히 바스에서 최고로 인상적인 조지 왕조 시대의 거리로 꼽히는 그레이트 펄트니 가Great Pulteney Street를 거닐고, 마차를 타고 '아주 높고 위엄 있는 위치에 자리한' 캠든 플레이스Camden Place에 올라간다. 관광객이 적은 이곳까지 고생을 각오하고 걸어 올라가면 테라스에서 정말 멋진 전망을 감상할 수 있다.

《노생거 사원》에서 캐서린은 '좋은 친구 같은 신선한 공기를 들이마시기 위해' 서둘러 로열 크레센트로 간다(오늘날에는 많은 이들이 18세기풍으로 꾸며놓은 박물관인 No 1. 로열 크레센트를 찾는다). 한편 《설득》의 결말부에서 앤과 웬트워스 대령은 나무가 늘어선 그래블 워크Gravel Walk에서 화해한다. 지금도 이 길을 따라 로열 크레센트에서 퀸 스퀘어까지 갈 수 있다.

바스는 제인 오스틴과 동의어가 되었다. 1942년 4월의 바스 공습으로 도시가 파괴되고 1960년대에 이른바 '바스 약탈' 때 사려 깊지 못한 도시 개발로 일부 문화유산이 사라졌지만, 바스에는 여전히 조지 왕조 시대의 정신이 살아 있다. 따라서 지금도 하얀 장갑을 끼고 가슴 바로 아래에 허리선이 있는 드레스를 입은 여성들과 연미복을 입고 스카프를 맨 남성들로 가득한 거리가 쉽게 상상된다.

가을마다 열리는 제인 오스틴 페스티벌 기간에 바스에 가면 캐서린 몰런드와 앤 엘리엇과 비슷한 이들이 실제로 덧신을 신고 얇은 천으로 만든 드레스를 입고 자갈길을 거닐며 거리를 가득 채운다. 굳이 상상을 안 해도 제인 오스틴이 창조한 인물들이 살아 움직인다.

작품명 찰스 디킨스의 《올리버 트위스트》(1839)

무대 영국에서 사회개혁의 전조가 되었던, 어느 고아의 이야기가 펼쳐지는 더럽고 범죄가 들끓는 소굴

런던
LONDON

런던은 미로 같은 도시다. 사방으로 뻗어 있는 거리와 쓰레기와 아우성과 너무 많은 사람들로 아수라장이 따로 없다. 완두콩 수프의 거품과 절망의 기운은 대체로 사라졌지만 여러 골목이 여전히 과거를 일깨운다. 딸가닥거리는 말발굽 소리와 덜커덩거리는 마차 소리, 그리고 행상인들이 시끄럽게 외치는 소리가 끝없이 울려대던 시절. 거리마다 매춘부, 소매치기, 사기꾼, 깡패, 부랑아, 그리고 애처로울 정도로 가난한 이들로 북적이던 때. 워낙 범죄가 들끓어 이 골목에서 소매치기당한 손수건이 저 골목의 행상에서 팔리던 시절. 똑같이 경이롭고 비참했지만 삶보다 도시가 더 눈에 들어왔던 과거를 말이다…….

런던의 모든 곳이 찰스 디킨스Charles Dickens와 연관돼 있다. 그가 드나들지 않은 술집이나 그가 거닐지 않은 거리가 있기나 할까 싶다. 무엇보다 찰스 디킨스는 빅토리아 시대 초기의 런던 모습을 누구보다 강렬하게 작품 속에 녹여냈다. 그래서 2천년이 넘은 도시지만 '디킨스가 구체화한 런던'이 가장 생생하게 떠오른다.

찰스 디킨스는 1812년에 포츠머스에서 태어났다. 1822년에 아버지가 채무자 감옥에 갇히는 바람에 어린 찰스는 헝거포드 스테어스(Hungerford Stairs, 현재의 채링크로스 역)에 있는 구두약 공장에서 일해야만 했다. 이때의 경험은 디킨스에게 오래도록 깊은 영향을 미쳤고 결국 사회경제적 개혁과 하층민의 참담한 노동 환경에 대한 관심으로 이어졌다. 열악한 환경은 1834년에 개정된 구빈법 때문에 가난에 허덕이는 이들에 대한 모든 재정 지원이 사실상 끊기게 되면서 더욱 악화되었다. 당시 런던은 세계에서 가장 큰 도시로 제국주의와 산업 혁명을 주도하는 곳이었지만 빈곤과 계층 분열로 신음하고 있었다.

이와 같은 세상에 《올리버 트위스트*Oliver Twist*》가 등장했다. 디킨스의 두 번째 대작이자 인정사정없는 이 소설은 런던에 만연한 범죄와 부패를 냉혹하게 그리고 있다. 실제 그곳에 거주하는 많은 이들과 마찬가지로 소설 속의 올리버에게도 런던 거리는 "악이 꽉 차 있어 옴짝할 틈조차 없는 더럽고 퀴퀴한 소굴"이 넘쳐나는 곳이었다. 디킨스는 구빈원 고아가 결국 페이긴 패거리에 휩쓸리게 되는 이야기를 통해 19세기 중반 영국 뒷골목의 끔찍한 삶을 조명한다.

디킨스는 탐욕스러운 현실을 직접 목격했다. 1837년에 홀번Holborn의 다우티가Doughty Street 48번지로 이사해 그곳에서 《올리버 트위스트》를 썼다. 산책을 매우 즐겼던 그가 걸어 다닌 거리들은 작품 속에 어김없이 등장한다. 현재는 찰스 디킨스 박물관이 된 그가 살았던 집 근처 지역에 가면 여전히 과거가 말을 걸어오는 것 같다.

다우티가에서 동쪽으로 조금 가면 클러켄웰Clerkenwel의 골목들이 나온다. 19세기 초에 이 구역은 런던에서 가장 지저분하고 범죄가 판을 치는 곳 중 하나로 도둑과 깡패들이 들끓었다. 1860년대에 개선 사업이 실행되어 빈민굴이 철거되면서 클러켄웰의 풍경도 바뀌었다.

그러나 지금도 아트풀 다저가 브라운로 씨를 소매치기하는 모습을 목격하고 올리버가 경악했던 클러켄웰 그린을 거닐 수 있다. 또한 다저처럼 근처 골목길을 따라 사프란 힐Saffron Hill 방향으로 "쏜살같이 달려갈" 수도 있다. 중세 시대에 이곳에서 자란 향신료 식물 사프란의 이름이 붙여진 이 구역은 디킨스 시

SAFFRON HILL
사프란 힐
CLERKENWELL GREEN
클러켄웰 그린
CHARLES DICKENS MUSEUM
찰스 디킨스 박물관
FARRINGD
패링던
ONE TUN PUB
원 턴 펍
THE STRAND
더 스트랜드
WATERLOO
워털루
CHARING CROSS STATION
채링크로스 역

CHARTERHOUSE STREET
차터하우스 스트리트
LIVERPOOL
STREET STATION
리버풀 스트리트 역
THE OLD BAILEY
올드 베일리
BANK
뱅크
ST PAUL'S
CATHEDRAL
세인트 폴 대성당
MONUMENT
대화재 기념비
TOWER OF
LONDON
런던 탑
LONDON BRIDGE
런던 브리지

대에 하수 냄새가 코를 찌르는 플리트 개천Fleet Ditch 옆에 자리한 악명 높은 빈민굴이었다. 현재 사프란 힐에는 사무실과 아파트가 늘어서 있다. 1759년에 세워졌다가 1875년에 재건축된 원턴 펍One Tun pub은 무시무시한 악당 빌 사익스가 즐겨 찾았던 스리 크리플스Three Cripples 술집의 모델로 유명하다. 페이긴의 은신처가 있던 필드 레인은 정비사업 때 철거되었지만 사프란 힐과 차터하우스 스트리트가 만나는 곳에서 멀지 않은 스리 크리플스 술집에서 남쪽으로 조금 내려간 곳이지 않을까 싶다.

계속해서 남쪽으로 더 내려가면 올드 베일리The Old Bailey라 불리는 중앙형사재판소와 그 꼭대기에 있는 정의의 여신상을 볼 수 있다. 중앙형사재판소 건물의 일부는 옛날에 뉴게이트 감옥Newgate Prison이 있던 자리에 지어졌다. 12세기부터 존재했던 뉴게이트 감옥은 "무시무시한 벽이……엄청난 고통을 감춰왔던" 곳이었다. 디킨스는 이곳에서 공개 처형을 목격하고 소설 속에서 페이긴을 교수대로 보냈다.

《올리버 트위스트》에서 나쁜 사람들은 마땅한 벌을 받고 착한 사람들은 결국 행복하게 산다. 빅토리아 시대에 런던에서 실제 살았던 노동 계층에게 삶은 불공평했다. 하지만 디킨스는 작품을 통해 사람들에게 그들의 존재를 일깨워줬다.

작품명 에밀리 브론테의 《폭풍의 언덕》(1847)
무대 히스클리프처럼 황량하고 거센 바람이 부는 영국의 풍경

요크셔 황무지
YORKSHIRE MOORS

이곳 풍경은 음울하다. 청회색 하늘이 끝없이 펼쳐진 척박한 황무지 위로 낮게 드리워지면, 황무지의 색깔은 황록색으로 옅어졌다가 변색된 금처럼 빛나다가 멍이 든 것처럼 자주색을 띤다. 텅 비어 보이는 황무지는 비밀스러운 배신을 착각하게 만든다. 이런 자연은 헤쳐 나가기 어려운 난관이다. 곳곳에 집어삼킬 듯한 늪과 위험한 뿌리와 깊은 골짜기와 음침한 습지가 숨어 있기 때문이다.

날씨 또한 사납다. 오래된 바위 잔해 옆의 둔덕 위로 북풍이 휘몰아쳐 헤더 꽃들이 마치 떠는 듯 흔들거리고, 홀로 서 있는 전나무가 비틀거리다가 놀라서 움츠린다. 어쩌면 휘몰아치

는 것은 바람이 아니라 이런 황무지를 떠나지 못하는 혼령들이 아닐까 싶다. 살아 있을 때 못지않게 죽어서도 격정적인 혼령들 말이다…….

화가이자 시인이었던 단테 가브리엘 로세티는 《폭풍의 언덕 *Wuthering Heights*》을 가리켜 "사건의 배경을 지옥으로 설정한 악마 같은 책"이라고 말했다. 여기서 '지옥'은 요크셔 황무지다. 잉글랜드 북부에 경사진 언덕과 계곡 그리고 헤더 꽃으로 뒤덮인 황야가 길게 펼쳐져 있는, 음산하고도 아름다운 곳이다.

하지만 이 황무지는 에밀리 브론테Emily Brontë의 기이하고 무정한 사랑과 복수의 이야기이자 유일한 소설의 배경에 그치는 곳이 아니다. 이곳 자체가 배우이면서 감독처럼 눈길을 끄는 장면을 연출하고 등장인물의 성격을 만들어내며, 사건에 영향을 미치고 분위기를 특징짓는다.

《폭풍의 언덕》의 황무지는 세상과 동떨어져 있다. 지리적으로 고립되어 있을 뿐만 아니라 인간의 법칙들이 적용되지 않는 곳인 것 같다. 여기서는 세세한 규칙들이 거의 지켜지지 않는다. 그저 종잡을 수 없는 대자연이 이끄는 대로 살아갈 뿐이다. 때때로 이 황무지는 생명체를 보살피는 상냥한 곳으로 바뀌어서 콸콸 흐르는 개울과 노래하는 종달새와 윙윙거리는 꿀벌과 청색 야생화로 넘쳐난다. 또한 비운의 연인인 캐서린과 히스클리프를 가정 폭력과 사회적 구속에서 해방시켜준다. 그러나 대체로 이 황무지는 무자비한 곳으로 강풍과 유령들이 울부짖는 지옥과 같다.

이와 같은 황무지의 풍경은 에밀리 브론테에게 익숙했다. (에밀리의 소설가 자매들인 샬럿과 앤을 포함한) 브론테 가족은 1820년부터 하워스Haworth의 목사관에서 살았다. 페나인Pennine 산맥 마을인 하워스는 실과 옷감을 생산하는 곳으로 사람들이 근면하기로 유명했다.

당시 산업화가 진행되면서 영국은 대부분의 시골 지역부터 대다수의 도시에 이르기까지 재편되고 있었다. 산업화의 동력 역할을 했던 리즈Leeds와 맨체스터에서 멀지 않았던 하워스는 시골과 도시가 공존하는 곳이었다. 황무지 끝자락에 솟은 듯 자리한 중심지는 사람들로 붐비고 오염되었으며 바로 그 너머로는 탁 트인 시골 풍경이 펼쳐져 있었다.

에밀리 브론테가 종종 중심지를 벗어나 만끽했던 이런 황무지 풍경은 그녀의 작품을 가득 채워주었다. 샬럿 브론테는 그런 그녀를 가리켜 "황무지가 소중히 길러낸 아이"라고 말했다. 에밀리 브론테는 바위와 낭떠러지와 폭포에서 영감을 받았으며, 자연에는 파괴력뿐만 아니라 위로하는 힘이 있음을 알게 되었다.

《폭풍의 언덕》의 주요 장소인 (언쇼의 집이 있는) 폭풍이 몰아치는 언덕과 (부유한 린턴가가 있는) 스러시크로스 그랜지Thrush-cross Grange는 불과 6.5킬로미터밖에 떨어져 있지 않지만 소설 속 집주인들처럼 성격은 많이 다르다. 언쇼의 집은 언덕 꼭대기에 오싹하고 음산하게 우뚝 솟아 있는 반면에 린턴가의 집은 골짜기 안에 좀 더 안락하고 세련되게 자리 잡고 있다.

폭풍이 부는 언덕에 있는 집의 실제 모델은 하워스에서 몇 킬로미터 떨어진 곳에 오랫동안 방치되어 있던 16세기 농가인 탑 위든스Top Withens라고 한다. 이 집의 구조는 소설과 일치하지 않지만 외지고 바람이 휘몰아치는 위치만큼은 꼭 들어맞는다.

현재는 브론테 박물관인 하워스 목사관에서 출발해 노출된 바위 잔해가 있는 곳까지 황무지를 걷다 보면 마치 고딕 소설 속에 들어와 있는 느낌이 든다.

건축학적으로 봤을 때 폭풍의 언덕에 있는 집과 더 비슷한 곳은 폰든 홀Ponden Hall이다. 하워스 인근의 영지에 자리한 농가 폰든 홀은 비록 위치는 다르지만 크기와 건축 양식이 비슷하다.

실제로 이곳은 스러시크로스 그랜지의 모델로 언급될 때가 더 많다. 1634년에 대략적으로 지은 것을 1801년에 대대적으로 다시 지은 폰든 홀에는 스러시크로스처럼 나무가 늘어선 긴 진입로가 있지만, 에밀리 브론테가 묘사한 웅장한 외관이나 경

내 정원 같은 것은 보기 어렵다. 그러나 브론테 자매는 이곳을 정기적으로 방문했으며 에밀리는 드넓은 서재에서 책을 읽곤 했다.

폰든 홀은 현재 숙박업소(B&B)이다. 이제 누구나 '언쇼의 방'을 예약해 18세기풍의 상자 모양 침대에서 잠을 자고 두꺼운 석벽에 조그맣게 나 있는 창으로 밖을 내다볼 수 있다. 그러나 바람이 휘몰아치는 황무지를 거니는 꿈을 꾸고 안으로 들여보내달라는 유령들의 아우성을 들을 수도 있으니 참고하시길!

작품명 나기브 마푸즈의 《궁전 길》(1956)
무대 모스크와 시장과 비밀로 이루어진 중세 이집트의 미로

카이로
CAIRO

마슈라비야mashrabiya 창문으로 내다보면 저 너머 무엇이 보일까? 조각된 나무 격자가 상자처럼 생긴 발코니를 둘러싸고 있는 형태의 이 창문으로는 저 아래 북적거리는 것들이 살짝만 보일 뿐이다. 직접 아래로 내려가 보면 다른 세상이 펼쳐진다. 이발사, 콩 장수, 노점상인, 놋쇠 제품을 만드는 사람, 입체 음향으로 울리는 요란한 소리, 인신매매, 뜨거운 석탄 위에 올려놓은 양고기 코프타, 쌉싸름한 블랙커피, 양념 자루, 물담뱃대에서 쉬지 못하는 지니처럼 두둥실 떠오르는 달큼한 연기 등으로 이루어진 세상 말이다…….

나기브 마푸즈Naguib Mahfouz의 《궁전 길*Palace Walk*》은 마슈라

비야 창으로 내다보고 들여다보는 문학적 응시다. 마푸즈의 '카이로 3부작' 중 하나인 이 작품은 20세기 초반에 아랍권에 존재했던 의식과 리듬과 소동을 이해하기 쉽게 알려준다. 정말이지 《궁전 길》은 소설이라기보다 격동기 시절의 이집트 이야기와 신앙과 두려움과 사랑과 억압으로 점철된, 복잡한 도시 속 무슬림의 가정사로 직조한 호화로운 양탄자에 가깝다.

이 소설은 이집트 역사의 격동기를 담고 있다. 영국은 1880년대에 이집트를 장악했으며 1914년에는 이집트의 공식적인 보호국이 되었다. 그러나 1차 세계 대전이 끝나고 나서도 기대하고 있던 독립이 이루어지지 않자 이집트 내에서는 독립의 열기가 끓어오르기 시작했다. 엘리트와 노동 계층, 카이로 시민과 지방 거주자, 무슬림과 기독교인, 남자와 여자 등 사회 전체가 점령자들을 몰아내기 위해 똘똘 뭉쳤다. 이때의 봉기가 최초의 아랍의 봄이었다.

마푸즈는 이집트 혁명을 직접 목격했다. 어릴 때 카이로의 무슬림 지역이자 가장 오래된 동네인 알가말리야al-Gamaliyya에서 살았던 그는 창문으로 항쟁을 지켜봤다. 후에 커피하우스(당시 커피하우스는 훌륭한 문화 토론과 교류의 장이었다)의 이야기꾼들에게서 문학적 재능을 익힌 마푸즈는 어린 시절의 경험을 엮어 《궁전 길》, 《욕망의 궁전》, 《설탕 거리》라는 3부작 장편 서사

소설을 완성했다. 1917년부터 1919년의 독립 혁명까지를 담은 《궁전 길》은 결정적인 순간에 놓여 있던 카이로의 광경과 소리와 영혼을 그린 이야기이다.

이 소설은 1956년에 아랍어로 《두 궁전 사이*Bayn al-Qasrayn*》라는 제목으로 출간되었다. 카이로의 주요한 거리의 이름인 《두 궁전 사이》라는 제목은 이집트의 문화적 · 정치적 과도기를 상징하기도 한다. 마푸즈는 독재적인 데다 바람까지 피우는 가장 압드 알자와드와 그런 남편에게 예속된 아내 아미나, 그리고 다섯 명의 자식으로 구성된 알자와드 가족의 사적인 이야기를 통해 광범위한 대중의 혼란을 전해준다. 아미나는 25년간의 결혼생활 동안 자신의 집에 사실상 죄수처럼 갇힌 채 오직 격자 모양의 창을 통해서만 세상을 내다봐왔다. 그러나 어느 날 남편이 떠나면서 그녀는 위험을 무릅쓰고 밖으로 나간다…….

아미나는 베일로 얼굴을 가리고 검은 옷을 걸친 뒤 작은아들의 호위를 받으며 '두 궁전 사이'에 있는 집을 나온다. 그리고 카이로 이슬람 지역의 뒷길을 따라 걸어서 모하메드의 손자인 후세인의 머리가 묻혀 있는 것으로 추정되는 알후세인Al-Hussein 모스크를 찾아간다. 그리고 오랫동안 갇혀 지냈던 그녀는 "탐욕스럽고 호기심 가득한 눈으로 그곳을 집어삼킬 듯 쳐다본다. 사원의 벽, 천장, 기둥, 양탄자, 샹들리에, 연단, 미흐라브(벽감) 등등을 말이다……몇 번이고 간절히 와보고 싶었던 곳이었다." 무슬림이 아닌 이들은 알후세인 모스크에 들어갈 수 없다. 하지만 그녀가 걸었던 골목길은 세월이 흘러도 변하지 않았으니 마음껏 거닐 수 있다.

카이로는 현재 이슬람 지역을 중심으로 엄청나게 뻗어나가 아랍권에서 가장 큰 도시가 되었지만 거리는 비좁고 현대적인 특성은 서서히 사라지고 있다. 덕분에 파티마 왕조가 969년에 이곳에 처음 새로운 도시를 건설했을 때와 거의 같은 느낌을 곳곳에서 받을 수 있다. 파티마 왕조는 10세기부터 12세기까지 거대한 성벽으로 둘러싸인 성채를 건설했는데, 바로 '두 궁전 사이'의 주요 도로가 이 성채를 가르며 뻗어 있다.

이 '궁전 길'은 남북으로 뻗어나가 바브 알푸타Bab al-Futah와 바브 주웨일라Bab Zuweila를 이어준다. 작은 탑이 있는 중세의 두 문 사이에 허름한 궁전, 먼지투성이의 여행자 쉼터, '아잔'(ad-han, 기도할 시간임을 알리는 소리-옮긴이)이 나오는 미나렛, 이름 모를 무덤, 지하 물탱크, 그리고 미어터질 것 같은 시장 거리로 이루어진 야외 박물관이 있다. 여기서부터 시작되는 골목길을 따라 걸어 들어가면 조용한 광장은 물론 값싼 물건들과 함께 진귀한 것들을 파는 알라딘의 동굴 같은 곳들이 나온다.

바브 주웨일라에서 북쪽으로 걷다 보면 제일 먼저 알구리 위

SPICE MARKET
향신료 시장
BAB ZUWEILA
바브 주웨일라

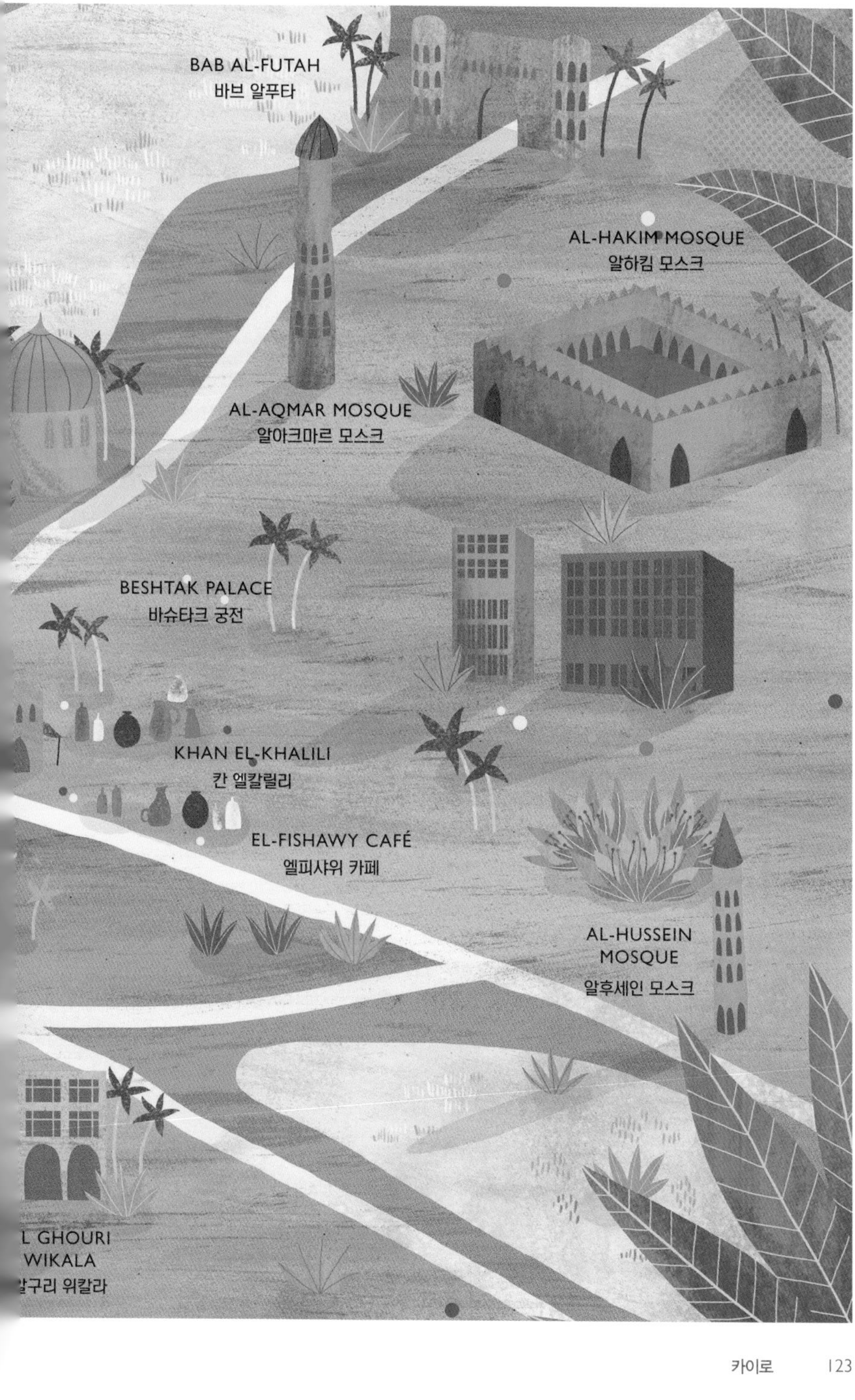

BAB AL-FUTAH
바브 알푸타
AL-HAKIM MOSQUE
알하킴 모스크
AL-AQMAR MOSQUE
알아크마르 모스크
BESHTAK PALACE
바슈타크 궁전
KHAN EL-KHALILI
칸 엘칼릴리
EL-FISHAWY CAFÉ
엘피샤위 카페
AL-HUSSEIN
MOSQUE
알후세인 모스크
L GHOURI
WIKALA
알구리 위칼라

칼라Al Ghouri wikala를 지나가게 된다. 16세기에 아프리카 상인들이 이용했던 값싼 숙소를 아름답게 복원한 이곳에서는 여전히 수피들이 소용돌이 춤을 추러 모여들고 장인들이 현지 공예품을 판다. 여기서 동쪽으로 조금만 더 가면 알후세인 모스크에 인접한, 혼을 쏙 빼놓을 만큼 드넓고 복잡한 쇼핑 골목 칸 엘칼릴리Khan el-Khalili가 나온다. 미로나 다름없는 이곳 시장에서 모퉁이 두 개만 돌아도 얽히고설킨 골목길을 메우고 있는 조그만 장식품들에 파묻혀 길을 잃고 만다.

마푸즈는 칸 엘칼릴리에서 가장 오래된 커피점인 엘피샤위 카페El-Fishawy Café에서 글을 쓰고 사람들을 관찰하곤 했다. 하지만 현재 이곳의 흠집 난 나무 의자와 갈라진 대리석 상판의 탁자는 노벨상 수상자들보다 관광객들이 더 자주 찾는다.

이 카페 너머에는 금을 파는 시장과 경탄을 자아내는 술탄 칼라운Qalawun의 묘와 이슬람 학교madrassa, 그리고 알아크마르 모스크Al-Aqmar Mosque와 이 거리에서 가장 오래된 건물인 10세기의 알하킴 모스크Al-Hakim Mosque가 있다. 또한 이 중간 어디쯤에는 바슈타크 궁전Beshtak Palace도 있다.

14세기에 어느 부유한 왕이 살았던 곳인 이 궁전은 마푸즈의 소설에 등장하는 알자와드 가족의 집이 있던 자리에 있다. 대리석 바닥과 색유리로 꾸며진 궁전 내부는 매우 아름답다. 물론 이곳에서 안에 갇힌 아미나를 보진 못하겠지만 그 모습을 상상할 수는 있다.

지상에서 보면 짙은 색의 마슈라비야 격자창이 거리 위쪽으로 튀어나와 있어 마치 비밀 상자 같다. 아미나는 그곳을 통해 수 세기 동안 바뀌지 않았으면서 동시에 위험할 정도로 끊임없이 변하는 세상이 분주히 움직이는 모습을 바라봤을 것이다. 그녀가 진입할 수 없었던 세상을 말이다.

작품명 네이딘 고디머의 《버거의 딸》(1979)
무대 남아프리카공화국의 인종격리정책 시대에 투쟁의 중심지였던 격변의 흑인 거주 지역

소웨토
SOWETO

이 지역은 지리적으로뿐만 아니라 황폐한 정도와 역사의 첨단을 걷고 있는 환경에 따라 분리된 채로, 반짝반짝 빛나는 대도시에서 멀찌감치 떨어져 있다. 남아프리카공화국 초원에 사방으로 볼품없이 뻗어 있는, 혼란스럽고 곪을 대로 곪은 곳이다. 이곳 흑인 거주 지역에 한결같이 볼품없게 줄지어 늘어선 보기 싫은 집들 사이로 악취 나는 길이 기어가듯 뻗어 있다.

양철 판잣집들은 술꾼처럼 서로 붙어 있으며, 낡은 자동차와 몹시 화난 닭들 사이를 진짜 술꾼들이 비틀거리며 걸어간다. 쓰레기가 쌓여 있는 더러운 골목에서 부랑자들이 쓰레기 더미를 뒤지고 떠돌이 개들이 한쪽 다리를 들어 올린다. 공기에서는 지

린내와 내장 냄새와 술 냄새, 그리고 절망의 냄새가 난다. 이곳은 분리 장벽 건너편에 있는 흑인 거주 지역이며 쓰레기 매립지이며 사회 변화의 호된 시련의 장이다…….

20세기 후반기에 남아프리카공화국은 개탄스러울 정도로 분열된 나라였다. (네덜란드계 백인을 대변하는) 국민당이 1948년에 인종격리정책(apartheid, 아파르트헤이트)을 채택해 현존하던 인종 차별을 제도화했다. 사람들은 인종에 따라 분리된 지역에서 살아야 했다. 흑인 전용 거주 지역이 만들어지고 수백만 명의 흑인이 강제로 이곳으로 옮겨와 살아야만 했다. 인종 간 결혼도 금지되었고 학교와 버스는 물론 공원 벤치까지 분리되었다.

네이딘 고디머Nadine Gordimer의 《버거의 딸*Burger's Daughter*》은 1979년에 출간되었다. 당시에도 여전히 '천하에 가장 파렴치한 사회적 사기'인 인종격리정책이 남아프리카공화국을 고통으로 몰아넣고 있었다. 처음에 위험하고 바람직하지 않다는 이유로 출판이 금지되었던 《버거의 딸》은 현실에서 고통받는 이들을 가감 없이 그려낸 굉장히 매력적인 역사 소설이다.

이 소설의 주인공인 로자 버거는 네덜란드계 백인이면서 인종격리정책에 반대하는 저명한 운동가인 라이오넬 버거와 캐시 버거의 딸이다. 그녀의 아버지와 어머니는 자신들의 신념 때문에 감옥에 갇히고 결국 둘 다 그곳에서 죽음을 맞는다. 로자는 요하네스버그에서 정치에 관심이 아주 많은 가정에서 자랐다. 그녀의 가정에서는 인종에 상관없이 다들 같은 수영장에서 물놀이를 했고, 바비큐장에 둘러앉아 소시지를 나눠 먹으며 이념을 공유했다.

부모님이 돌아가시자 로자는 어쩔 수 없이 자신의 정체성을 찾게 된다. 하지만 개인적으로 아무리 몸부림쳐도 정치 상황을 피해갈 수는 없었다. 그녀가 살아가는 세상에서 인종 차별은 본질적으로 일상의 일부이기 때문이었다. 그리고 이런 현실은 흑인 거주 지역인 소웨토에서 가장 뚜렷했다.

요하네스버그의 남서쪽에 자리한 '남서부 흑인 거주 지역(South West Townships, 소웨토)'는 요하네스버그와 백인들이 거주하는 교외에서 쫓아낸 흑인들을 이주시키기 위해 맨 처음 만든 곳으로, 강이나 철로 같은 '위생 격리 장벽cordons sanitaires'으로 분리한 지역이다. 소웨토는 금세 남아프리카공화국에서 가장 큰 흑인 거주지이자 궁핍하고 분노가 들끓는 지역이 되었다. 로자는 "불안하고 망가진 거리마다 백인들이 내다 버린 물건들 중 흑인들이 골라가고 남은, 두 번 버려진 쓰레기"로 가득하다고 말한다. 소웨토 거주자들은 똥오줌과 부랑아와 폭력배에 둘러싸인 채 작고 복작대는 집에서 어떻게든 삶을 이어가고, 격분한 청년들은 정부를 비난한다.

현실에서와 마찬가지로 고디머의 소설에서도 1976년에 학교에서 아프리칸스어(Afrikaans, 남아프리카공화국의 공용어로 네덜란드 식민지 시절에 들어온 네덜란드어가 현지어의 영향을 받으며 독자적인 변화 과정을 거쳐서 생성된 언어—옮긴이)를 사용하도록 강제하자 소웨토에서 봉기가 일어난다. 그러나 봉기는 끔찍하게 진압되었고 그 과정에서 176명의 학생이 목숨을 잃었다. 이런 분쟁은 1994년에 남아프리카공화국 최초의 다인종 선거가 실시될 때까지 불규칙적으로 이어졌다.

이후 소웨토는 남아프리카공화국과 마찬가지로 서서히 변화했다. 이제 이 거대한 행정 지구에는 극빈층 지역뿐만 아니라 중산층이 사는 교외 지역과 큰 부자들이 사는 동네까지 포함되어 있다. 예전에는 정말 간 큰 관광객들만 위험을 무릅쓰고 이곳에 들어갔다면 지금은 요하네스버그에서 꼭 가봐야 할 곳이 되었다. 투어에 참여하면 주요 관광지를 둘러볼 수 있다.

대표적인 관광지로는 1976년 봉기 때 첫 번째로 희생된 아이의 이름을 딴 헥터 피터슨 기념비와 박물관, 노벨 평화상 수상자인 넬슨 만델라와 데스몬드 투투 주교가 한때 살았던 빌라카지Vilakazi 거리, 그리고 현재는 번지 점프대로 이용되고 있는, 그라피티로 장식된 올랜도 발전소의 냉각탑 등이 있다. 또한 술

집에서 옥수수 맥주(umqombothi)를 마시고, 양철 지붕 교회에서 신자들과 함께 찬송가를 부르고, 사탕과 창자 그리고 쓰레기로 만든 기발한 공예품을 파는 좌판을 둘러보는 등 소웨토의 일상을 체험해볼 수도 있다.

1991년에 만델라가 감옥에서 석방되고 인종격리정책이 공식적으로 폐지되었을 때, 네이딘 고디머는 "인류에게 엄청 유익한……서사 소설"을 쓴 공로로 노벨 문학상을 받았다. 《버거의 딸》은 허구에 사실을 녹여낸 이야기를 통해 현실 세계를 치유하는 소설이다.

작품명 아룬다티 로이의 《작은 것들의 신》(1997)

무대 활기 없는 벽지 한복판에서 사랑과 비극이 태동하는, 초목이 우거진 인도 남부의 주

케랄라

KERALA

이곳의 오후는 후텁지근하고 흐릿하며 나른하다. 물 먹은 스펀지처럼 축축하고 끈적이는 공기에서 금방이라도 우기가 들이닥칠 것 같다. 날씨는 찌는 듯 덥고, 태양은 붉은 개미와 노란 황소개구리와 뻐꾹뻐꾹 우는 뻐꾸기와 다리가 긴 물꿩에게 가차 없이 내리쬔다. 은빛 물고기 사체 위로 햇빛이 반짝거린다. 햇살에 망고와 잭프루트가 익어간다. 그리고 마침내 하늘이 갈라지는 듯한 소리가 들리고 하늘에 있던 물이 케랄라로 쏟아진다.

폭우가 내리자 논과 야자나무와 농원이 한층 더 파릇파릇해진다. 물길이 불어나 생기가 넘치다 못해 성났다고 생각할 정도다. 크고 작은 나쁜 일들을 일으킬 것만 같은 집중 호우다…….

인도 작가 아룬다티 로이Arundhati Roy가 건축설계 학교를 다녔다는 사실에 놀랄 사람은 별로 없을 것이다. 그녀의 첫 소설 《작은 것들의 신*The God of Small Things*》은 2D 설계도를 3D 현실로 만든 것 같기 때문이다. 소설을 읽는 동안 케랄라가 눈앞에 펼쳐져 있는 듯하다. 《작은 것들의 신》은 한 권의 책이라기보다 사랑과 상실이 휘저어 놓은, 색깔과 향기와 열기와 역사, 그리고 정치로 이루어진 깊은 웅덩이 같고, 문장들은 둑에 부딪혀 되밀리는 물처럼 잔물결을 일으킨다.

1997년에 부커상Booker Prize을 받은 이 소설은 아예메넴Ayemenem이라는 공간적 배경을 중심으로 1969년부터 1993년까지의 세월을 회상과 복선으로 넘나든다. 주인공은 쌍둥이 남매 에스타와 라헬이다. 외가에서 엄마와 함께 외할머니 맘마치와 고모할머니 베이비 코참마와 살고 있던 이들의 삶은 절반쯤 영국인의 피가 흐르는 사촌 소피 몰이 인근의 강에 빠져 죽으면서 일시에 뒤집힌다. 케랄라 관광국이 '신의 나라'라고 광고할 정도로 아대륙에 마치 꿈같이 펼쳐진 이 지역에 많은 관광객이 몰리는 데 결정적인 역할을 하는 수로가 치명적인 어둠의 심연이 된 것이다.

《작은 것들의 신》은 맘마치의 피클 공장만큼이나 감각적으로 맛깔난 책이다. 바나나잼, 싱싱한 코코넛, 따끈따끈한 렌틸

콩 튀김, 소두구와 시나몬, 연어 커리, 그리고 검은 타마린드 등 입에 침이 고이게 하는 것들로 가득하다. 까마귀들은 토실한 망고를 쪼아 먹고 반딧불이가 어둠 속에서 깜박거린다. 또한 강렬한 색상의 사리와 감아 싸듯 어깨에 걸치는 전통 의상 문둠mundu, 열기를 머금은 판잣집과 티크 재질의 덧문이 달리고 늘 시원한 폭넓은 베란다가 있는 식민지풍의 대저택, '산들바람에 실려 오는 향긋한 장미향이 있다.'

하지만 《작은 것들의 신》은 더 큰 사회 문제를 조명하기도 한다. 3천 년 가까이 카스트caste 제도는 인도 사회를 지탱해왔다. 세계에서 가장 오래된 사회적 계층화에 속하는 이러한 계급 체계에 따라 힌두교 신자들은 크게 네 집단으로 나뉘었다. 제일 높은 계급부터 낮은 계급순으로 열거하자면 브라만(성직자), 크샤트리아(무사 및 귀족), 바이샤(평민), 그리고 수드라(천민)이다. 이들 네 계급에 포함되지 않는 이들이 바로 하층민 중에서도 가장 낮은 신분인 '불가촉천민' 달리트이다. 계급 간에는 사는 곳도 다르고 우물도 따로 쓰고 결혼은 물론이고 종종 접촉조차 불가능했다.

1950년에 인도 헌법에 따라 카스트 제도와 신분에 근거한 차별이 금지되었지만 구습은 좀처럼 바뀌지 않았다. 오랫동안 이어진 이와 같은 위계는 힌두교가 인도 사회에 광범위하게 퍼지면서 끈질기게 지속되었다. 이에 불문율이 유지되면서 개인들은 여전히 신분에 따라 제약을 받았다. 《작은 것들의 신》에서도 분명 카스트 제도는 로이가 말한 사랑의 법칙을 결정한다. 즉 "누가 사랑받고 어떻게 사랑받아야 하는지, 그리고 얼마나 많이 사랑받아야 하는지를 규정하는 법칙"이 존재한다. 따라서 시리아인 핏줄의 기독교도이자 상류층인 암무가 불가촉천민에 속하는 파라반의 잡역부 벨루타와 관계를 맺는 것은 온당하지 않다. 이런 '법칙'을 어길 때 비극이 뒤따른다.

아예메넴은 작가가 어린 시절을 보낸 케랄라 코타얌Kottayam 지역에 위치한 아이마남Aymanam의 소설 속 지명이다. ('다섯 개의 숲'을 뜻하는) 마을 이름은 한때 미나칠Meenachil강과 함께 번성했던 삼림지대를 가리킨다. 지금은 이 지역에 논이 꽉 들어차 있으며, 정신없을 정도로 붐비고 교통이 혼잡한 코타얌 시내는 한층 더 북적거리는 곳이 되었다.

오래된 몇몇 힌두교 사원도 가볼 만한데, 비슈누 신을 모시는 스리 나라심하 스와미Sree Narasimha Swamy 사원과 벽화가 그려진 판다밤 샤스타Pandavam Shasta 사원이 대표적이다. 그러나 《작은 것들의 신》에 나오는 '아예메넴 저택'과 똑같은 집은 찾을 수 없다. 전적으로 허구의 산물이 아닌데도 말이다.

로이는 소설에 등장하는 저택을 설정할 때 두 가족의 집을

모델로 삼았다. 바로 현지 학교에서 시작되는 고무나무 길의 끝자락 인근에 자리한 풀리얌팔릴 저택과 샨티 저택이었다. 풀리얌팔릴은 20세기 초반에 지은 멋진 저택으로 '급경사진 박공지붕이 양쪽 귀만 보이도록 모자를 푹 눌러 쓴 것 같은' 모양새인 반면 샨티는 1960년대에 지은 집이다. 미나칠강은 들판을 가로질러 그 너머 벰바나드Vembanad 호수 방향으로 흐른다.

《작은 것들의 신》에서 가장 비극적인 사건들이 일어나는 '역사의 집'은 강 건너편이 아닌 버려진 고무 농장 한가운데에 있다. 현지인처럼 살려고 했던 영국인 선교사 가족의 일원으로 (케랄라의 공식 언어인) 말라얄람어를 쓰고 케랄라 전통 의상을 입었던 프레드 베이커라고도 알려진 '카리 사이푸'의 실제 집은 조금 떨어진 쿠마라콤Kumarakom 조류 보호 구역에 있다.

베이커 가족이 19세기 중반에 개발한 이 보호 구역은 현재 인도 가마우지, 흰따오기, 시베리아 흰두루미 등 여러 텃새와 철새들의 서식지이다. '역사의 집' 저택은 현재 타지 가든 산장 Taj Garden Retreat의 일부가 되었다.

아룬다티 로이는 소설에서 케랄라가 비굴할 만큼 관광객 취향에 맞춰 변하는 세태를 개탄한다. 문화유산이었던 건물들이 현재는 호텔이 되었고 몇 시간 동안 이어지는 카타칼리kathakali 춤은 인내심이 없는 외국인들을 위해 시간이 단축되었다.

케투발람(kettuvallam, 지붕이 있어 거주도 가능한 배-옮긴이)이 현재는 강물을 따라 쌀과 양념이 아닌 방문객들을 나르고 있는 것 또한 사실이다. 하지만 관광객들이 천천히 유람할 수 있도록 개조된 배를 타는 것은 식상한 일이 되었다. 반면에 케랄라를 둘러보며 케랄라의 아주 멋지고 작은 것들을 발견하는 것이야말로 최고의 관광이다.

작품명 그레이엄 그린의 《조용한 미국인》(1955)
무대 이국적 정취와 스파이 활동을 불러일으키는 베트남의 대로

사이공
SAIGON
(호찌민 시)

더운 기운이 장막처럼 묵직하게 덮쳐 누른다. 오직 맥주만이 시원하다. 천천히 홀짝이면서 도로를 응시하다가, 이지러져 맹렬히 타오르는 태양과 시간의 흐름에 맞서 눈을 가늘게 뜬다. 이제는 삼륜 자전거의 종소리가 부르릉거리는 오토바이 소리에 묻혀버린다.

비단 가게와 밀크 바(주로 우유가 들어간 음료와 아이스크림, 간단한 음식을 파는 일종의 작은 카페형 레스토랑—옮긴이)가 사라지고 베르사체와 버거킹이 들어섰다. 하지만 고풍스러운 위엄이 남아 있고 왕래가 끊이지 않는 이 옛 거리는 여전히 사이공의 중심 같은 느낌이 든다. 한때 이 거리에서 피와 비밀이 번졌

사이공(호찌민 시)

고 면책 특권이 있는 국외자들이 이 나라의 운명을 곱씹었더랬다…….

동코이 거리는 사이공에서 가장 오래된 거리 중 하나로 그동안 여러 번 정체성이 바뀌었다. 1865년에 프랑스인들은 베트남을 장악한 이들이 누구인지를 확실하게 보여주려는 듯, 원래 6번가였던 거리를 인도차이나 반도를 정복하는 데 일조한 군함의 이름을 따서 'rue Catinat'이라고 부르기 시작했다. 1954년에 베트남이 프랑스로부터 독립한 후에는 이 거리가 자유(Tu Do)라는 이름으로 바뀌면서 곧 방탕하게 사는 미군들로 가득 차게 되었다. 베트남 전쟁이 끝나고 나서 베트콩은 이곳의 이름을 동코이(Dong Khoi, 봉기) 거리로 바꾸었고 지금까지 이 이름으로 불리고 있다.

하지만 그레이엄 그린Graham Greene이 1951년부터 1954년까지 사이공에서 종군기자로 일하고 있을 때 이 거리의 이름은 'rue Catinat'이었다. 아울러 《조용한 미국인*The Quiet American*》의 핵심적인 배경 또한 아편에 찌들고 곳곳에 전쟁의 상흔이 새겨지고 변화의 전환점에 있었던 바로 이 거리였다.

세상사에 지친 영국인 특파원 토머스 파울러와 그의 여자 친구 푸옹, 그리고 이름뿐인 미국 공관원 올던 파일의 이야기인 이 소설은 삼각관계 애정물이자 살인 미스터리물인 동시에 제1

차 인도차이나 전쟁을 배경으로 설정한 정치 우화이다. 프랑스군과 베트민(베트남의 공산주의 독립운동 단체—옮긴이) 간의 물리적 충돌은 대부분 북부 지역에서 일어났지만 그 여파는 베트남 전역에 미쳤다. 먼 남쪽에 자리한 사이공 또한 비켜가지 못했으며 Catinat 거리에 있는 매력적인 외국인 거주지도 마찬가지였다.

그린이 묘사한 사이공은 위험하고 나른하며 대단히 이국적이다. 아름다운 아가씨들이 흰 비단 바지를 입고 자전거를 타고, 고깔모자를 쓴 현지인들이 장대에 매달린 바구니를 어깨에 멘 채 지나가며, 점쟁이들이 때 묻은 카드 묶음을 들고 나무 밑에 쪼그려 앉아 있다. 또한 이 도시에는 베르무트 카시스(Vermouth & Casis, 칵테일)와 아편 연기, 그리고 딸깍 하는 소리가 끊임없이 들리는 주사위 놀이가 있다.

오늘날 동코이 거리에 가면 이와 같은 예전 모습이 별로 떠오르지 않는다. 유명 브랜드 매장과 산뜻한 쇼핑몰이 들어서 있기 때문이다. 하지만 과거의 모습이 어렴풋하게나마 남아 있다.

동코이 거리 맨 북쪽 끝에 자리한 파리 광장에는 그린이 '흉물스럽다'고 표현한 붉은 벽돌의 노트르담 성당과 아치형 천장과 실내 벽면에 역사적으로 중요한 남베트남과 사이공의 지도가 그려진 중앙우체국이 있다.

이 거리를 따라 남동쪽으로 내려가서 반들거리는 은행들과 드문드문 보이는 오래된 건물들을 지나면 콘티넨털 호텔이 나온다. 1880년에 지은 고전적인 이 호텔은 파울러가 항상 오후 6시가 되면 테라스에서 맥주를 마시던 곳이자 그가 파일을 처음 만난 장소이기도 하다. 요즘에는 호텔 내에 술집이 있고 에어컨이 설치돼 있다. 물론 여전히 인도에 탁자가 몇 개 놓여 있긴 하지만 말이다.

그린 자신도 이 호텔의 모퉁이 객실인 214호에 묵곤 했다. 그는 이곳을 람손Lam Son 광장에서 벌어지고 있는 사건들을 관찰하기에 가장 좋은 장소로 여겼다. 《조용한 미국인》에서 람손(가르니에 광장)은 치명적인 차량 폭탄 사건이 일어나는 곳이고 푸옹이 즐겨 찾는 밀크 바가 있는 곳이기도 하다. 그린이 등장시킨 이 밀크 바의 실제 모델이었던 지브럴 카페Givral Café는 최근에 유니온 스퀘어 쇼핑몰의 길을 내는 과정에서 철거되었다.

더 아래로 내려가서 동코이 8번지에 이르면 반구형 지붕의 그랜드 호텔이 있다. 1930년대부터 존재했던 이곳은 식민지 시대의 건축 양식으로 지은 건물로 그린이 특파원으로 재직할 당시 임대 아파트로 바뀌었다. 이에 그린은 소설 속에서 이곳을 본떠 파울러의 거처로 삼았다. 1998년에 대대적으로 수리를 한 끝에 그랜드 호텔은 현재 호찌민에서 가장 웅장한 호텔 중 하나

HOTEL CONTINENTAL

가 되었다. 물론 지금은 아편 연기와 검은 바지를 입은 여성들이 층계참에서 수다를 떠는 모습을 상상하기 어렵다.

오후 7시가 되면 파울러는 피곤함에 찌든 사이공의 다른 많은 외국인들과 마찬가지로 머제스틱 호텔의 루프톱 바로 향하곤 했다. 1925년에 문을 연 이 호텔은 여전히 해 질 무렵에 가볼 만한 최고의 장소이다. 이곳에서 칵테일을 홀짝이며 사이공강에서 불어오는 한결같은 시원한 산들바람을 음미해 보라.

작품명 할레드 호세이니의 《연을 쫓는 아이》(2003)
무대 고대 문화가 현대의 비극으로 스러지고 만, 아프가니스탄의 수도이자 실크로드의 도시.

카불
KABUL

시장에서는 고꾸라졌던 삶이 일어서고 회복되고 계속된다. 혼란과 위협이 상존해도 사람들은 여전히 빵집과 양념 자루가 늘어서 있고 짝퉁 티셔츠가 다닥다닥 걸려 있는 시장으로 몰려든다. 세상이 아수라장일 때조차도 먹고 입을 것들은 필요하기 때문이다.

갈고리에 걸린 채 피가 뚝뚝 떨어지는 죽은 동물들과 절단된 양 머리 주위로 사람들이 밀려든다. 그들은 짐이 가득한 손수레들과 내장처럼 질척거리며 쏟아져 나오는 석류 과육 주위를 걸어간다. 궁둥이를 붙이고 쭈그려 앉아 있는 사람도 있고, 전화기를 두고 흥정을 벌이는가 하면 카페에 앉아 달콤한 홍차를 홀짝이는 이들도 있다. 사람들은 양고기를 굽는 냄새와 매연과 먼지 냄새, 그리고 파멸의 냄새를 들이마신다. 취하게 만드는 고대 도시의 향기이자 이 도시가 현재 처해 있는 곤경의 냄새를 말이다…….

《연을 쫓는 아이*The Kite Runner*》에 등장하는 아프가니스탄은 우리 대부분이 언젠가 접하게 될 이 나라의 모습과 비슷하다. 중앙아시아에 자리하고 있고 황량한 사막과 숨 막힐 듯한 산맥, 그리고 부족의 충성심이 강한 아프가니스탄은 세계에서 가장 위험한 국가에 속한다.

하지만 어떤 정부의 해외여행 경보도 할레드 호세이니Khaled Hosseini의 작품을 통해 아프가니스탄으로 여행하는 일까지는 막지 못한다. 할레드 호세이니의 첫 소설은 20세기 말에 아프가니스탄에 충만했던 활기뿐만 아니라 이 나라를 갈가리 찢어 놓았던 공포를 담아낸다.

카불은 약 3,500년 된 도시이다. 장대한 힌두쿠시 산맥 사이에 끼인 듯 자리 잡고 있는 카불은 오랜 세월 동안 비단과 양념을 싣고 유럽과 아시아를 오가는 상인들에게 전략적으로 중요한 숙박지였다. 그러다가 1776년에 아프가니스탄의 수도가 되었다.

《연을 쫓는 아이》의 이야기는 1970년대의 카불에서 시작된

다. 어릴 적 친구 사이인 부유한 파슈툰족 아미르와 가난한 하자라족 하산을 중심으로 신의, 비겁함, 민족성, 그리고 정치적 격변이 삶에 어떤 영향을 미치는지를 그려간다. 두 아이는 현지의 전통 놀이인 연싸움에 푹 빠져 있다. 그래서 언제나 대나무 살과 밝은 색상의 박엽지로 만든 연을 하늘로 띄워 다른 연들과 대결을 펼친다. 연싸움은 연줄에 풀을 입히고 으깬 유리 조각들을 붙여서 날카롭게 만들어 상대편의 연줄을 끊는 대결이다. 마지막에 승자는 지상으로 떨어진 패자의 연을 주워 전리품으로 갖는다.

이처럼 두 소년이 살던 카불은 뜻밖의 모습이다. 하늘에는 장난스럽고 알록달록한 연들이 가득할 뿐만 아니라 주변 풍경은 오늘날 카불이라는 이름만 들어도 연상되는 극렬한 전쟁지역과도 거리가 멀다. 1950년대와 1960년대는 물론이고 1970년대 초반까지도 카불은 놀라울 정도로 국제적이고 진보적인 세계관을 지니고 있었다.

사람들은 칵테일을 마시고 짧은 치마를 입었으며, 시장을 둘러보는 외국인들은 군인이 아니라 '중앙아시아의 파리'로 몰려든 히피들이었다. 호세이니는 이처럼 문화적으로 풍요로운 카불이 '황금시대'로 접어들었던 1965년에 태어났다. 그는 1976년에 카불을 떠났다가 후에 어쩔 수 없이 미국으로 망명했다.

작가의 삶에 중대한 영향을 미친 사건들이 《연을 쫓는 아이》에서도 결정적으로 작용한다. 1973년에 공산주의 계열의 아프가니스탄 인민민주당PDPA이 쿠데타를 일으켰고, 아프가니스탄의 군주제가 몰락했으며, 혁명이 타올랐고, 1979년에는 소련군이 침공했다.

수천 명의 아프가니스탄 사람들이 아미르와 그의 아버지 바바처럼 파키스탄과 그 외의 지역으로 도망쳤다. 피투성이였던 9년이 지난 후 소련군이 철수하고 내전이 벌어졌다. 1996년에 탈레반이 장악하면서 내분에서 벗어나자 처음에는 다행이다 싶었다. 하지만 이후 극단적으로 보수적인 법이 도입되었다. 도둑질을 저지른 이들은 벌로 신체를 절단당했다. '이슬람의 교리에 맞지 않는' 연날리기 또한 금지되었다. 간음한 이들은 돌에 맞아 죽었다.

《연을 쫓는 아이》에서도 성인이 된 아미르는 2001년에 카불에 돌아왔을 때 축구 경기의 중간 휴식 시간에 이와 같은 잔학행위를 목격한다. 수년간 미국에서 살다 온 아미르는 그와 같은 카불을 보는 심경을 빗대 "잊고 지냈던 옛 친구를 우연히 만났는데 그동안의 삶이 녹록치 않았는지 그 친구는 노숙자로 아주 궁핍하게 살고 있는 상황 같다"고 말한다. 그가 기억하고 있는 카불이 거지들이 어슬렁거리고 돌무더기에 뒤덮이고 공포에 지배당하는 형편없는 곳이 되었기 때문이다.

《연을 쫓는 아이》의 이야기는 9.11테러와 미국의 아프가니스탄 침공을 거친 후 2002년에 끝난다. 나토는 2014년에 공식적으로 전투 임무를 종결했지만 아프가니스탄은 미군이 철수한 뒤 탈레반이 다시 정권을 잡았다. 따라서 카불은 위험하다. 하지만 선택권이 없는 이들에게 어쩔 수 없듯 삶은 변함없이 계속된다.

어쩌면 소년들도 옥상이나 폭탄이 터져 움푹 파인 곳에서 햇볕에 누렇게 마른 산맥 위쪽으로 연을 날릴지 모른다. 먼지와 잔해에 대비되어 반짝이는 색색의 연들의 싸움이 계속될지도 모른다.

작품명 조앤 린지의 《행잉록에서의 소풍》(1967)
무대 문학이 새로운 전설을 만들어낸, 호주의 불길한 바위산

행잉록
HANGING ROCK

엷은 안개에 가려지고 신비에 싸인 바위산이 있다. 이것은 대지의 배에서 분출된, 숲속에 전혀 어울리지 않는 바위산이지만, 지금도 인간이 만든 탑과 톱날 모양의 성벽으로 된 고딕 양식의 성처럼 평원에서 솟아올라 있다. 처음에는 이 바위산이 텅 비어 보이지만 실제로는 무언가가 휙 지나가고 살금살금 움직인다. 뱀이 똬리를 틀고 있고 왈라비가 웅크리고 있으며, 유충이 썩은 나무껍질을 샅샅이 뒤지고 있고 코알라와 웃음물총새가 유칼리나무에 붙어 있다.

그리고 다른 것도 있다. 움푹 파여 칠흑같이 어두운 곳을 얼씬거리고, 시간을 멈추고 뼛속까지 오싹하게 만들며 젊은 아가

씨들을 파멸시킬 수 있는 무언가가 말이다…….

행잉록은 호주의 풍경뿐만 아니라 정서에서도 중요해 보인다. 희귀하고도 무시무시한 이곳은 대략 600만 년 전에 많은 양의 걸쭉한 마그마가 분출되어 엉기고 수축했다가, 이후 비바람에 '요새처럼 뾰족한 산봉우리'가 형성돼 현재와 같은 종 모양의 바위산이 되었다. 하지만 행잉록은 지질학적으로만 기이한 곳이 아니다. 조앤 린지Joan Lindsay의 소설 덕분에 호주에서 이 산은 어떤 일이든 발생할 수 있는 이상한 장소의 상징처럼 되었다.

린지에 따르면, 《행잉록에서의 소풍*Picnic at Hanging Rock*》은 그녀가 연달아 꾼 꿈을 바탕으로 쓴 소설이다. 꿈이 어찌나 생생했던지, 깨어난 뒤에도 유칼리나무 사이로 불어오던 산들바람과 뜨거운 공기를 가르고 울려 퍼지던 웃음소리가 고스란히 느껴질 정도였다고 한다. 《행잉록에서의 소풍》은 1900년 성 밸런타인데이에 행잉록으로 소풍을 간 기숙학교 학생들의 운명적인 이야기를 담고 있다.

네 명의 여학생과 여교사 한 명이 흔적도 없이 사라지면서 애플야드 칼리지에서의 삶은 혼란에 빠지고 그 여파는 지역사회까지 미치게 된다. 이야기는 계속 전개되는데도 수수께끼는 여전히 풀리지 않으면서 "행잉록의 그림자는 점점 더 어둡고 길어[진다]……음울한 암흑은 벽처럼 단단해진다."

행잉록은 린지의 소설이 출간되기 훨씬 이전에도 죽음의 장소였다. 대대로 이곳의 주인이었던 자자워룽족과 워이워룽족, 그리고 타운구룽족이 1830년대부터 살해당하고 병사하거나 아니면 강제로 원주민 보호 구역으로 이주하면서 이 지역에서 전부 사라졌다. 이들 부족의 조상은 이 땅에서 2만 5,000년 넘게 살면서 이른바 느간넬롱Ngannelong과 깊은 유대감을 형성해왔다. 그래서 이곳에서 원주민과 그들의 창조주 겸 신령들을 연결시키는 중요한 의식인 입회식과 코로보리(호주 원주민의 춤)가 펼쳐졌다.

하지만 유럽에서 이 지역으로 이주해 50년밖에 안 산 이들이 이처럼 아주 오래된 유대를 순식간에 끊어버렸다. 행잉록은 항상 특별하다 못해 초자연적인 곳으로 간주돼왔다. 그런데 이제 비극까지 가미된 것이다. 따라서 조앤 린지의 알쏭달쏭하고 소름 끼치는 이야기에 더할 나위 없는 배경이 된 셈이다.

일부 독자들은 사라진 소녀들의 괴담에 지나치게 빠져든 나머지 이 이야기를 실제 있었던 일로 받아들이는 경우가 많다. 린지 자신도 모호한 태도를 취했다. 그녀는 짧은 프롤로그에 "《행잉록에서의 소풍》이 실화인지 허구인지는 독자들 스스로 결정해야 한다"고 썼다.

어느 쪽이든, 괴물 같은 바위산은 작가가 묘사한 모습과 똑

같다. 멜버른의 북서쪽 지점으로 매서던Macedon산에서 약간 북쪽에 자리한 이 바위산은 헤스켓 평원Hesket Plains에서 105미터 높이로 솟아 있다. 미란다와 어마를 비롯한 애플야드의 여학생들이 약 100년 전에 올려다봤을 때와 마찬가지로 지금도 여전히 예사롭지 않은 산이다.

단정한 레이스 칼라로 된 옷에다 코르셋과 속치마까지 입어 틀림없이 더위에 지쳤을 학생들은 덮개를 씌운 사륜마차를 타고 행잉록으로 소풍을 간다. 지금은 차를 몰고 멜버른 벤디고 길Melbourne-Bendigo road을 달려도 고운 붉은 먼지는 일지 않을 것이다. 하지만 벤디고 길을 달리다가 소설 속 등장인물들처럼 우드엔드Woodend 마을에서 잠시 쉬면서 가벼운 식사를 할 수 있다. 1869년에 지은 호텔이 여전히 맥주 양조장으로 영업 중이다.

길을 따라 차를 타고 달리다 보면 섬유질의 거친 껍질이 특징인 유칼리나무가 줄지어 늘어선 풍경과 뭉게구름이 피어 있는 매서던산이 내다보이다가, 마침내 행잉록 보존지구 내에 자리한 엄청 거대한 바위산이 눈 앞에 펼쳐진다.

《행잉록에서의 소풍》의 마부 허시 씨처럼 이곳에서 열리는 경마대회도 볼 수 있다. 1886년에 공식적으로 최초인 경마대회가 행잉록 트랙에서 열린 이후 지금까지도 일 년에 두 번 1월 1

일과 호주 건국기념일(1월 26일)에 개최된다. 또한 행잉록 보존 지구에는 관광안내소와 소풍장도 있다. 소설 속 여학생들처럼 잠시 낮잠을 자며 꿈을 꾸고, 아카시아와 유칼리나무 향을 들이마시고, 도마뱀과 함께 햇볕을 쬐면서 강렬하고 나른한 오후를 보낼 수 있다.

작품명 제롬 데이비드 샐린저의 《호밀밭의 파수꾼》(1951)

무대 미국의 고전이 된, 불만을 품은 젊은이의 이야기가 펼쳐지는 요란한 대도시

뉴욕
NEW YORK

도시의 아이콘과도 같은 이곳은 사람들로 가득하다. 택시와 허름한 술집, 영화배우, 주택지구 거주자, 외지 사람, 성직자, 포주, 악사, 그리고 사기꾼들이 들끓는 도시이다. 누구나 비집고 들어갈 수 있고 무엇이든 가능한 도시이다. 하지만 또한 콘크리트와 강철 속에 몸을 감추고 있는 개밋둑처럼 세상에서 가장 외로운 도시일 수도 있다.

뉴욕에서는 회전목마를 타러 가거나 도로 경계석에서 발길을 돌려 망각 속으로 사라질 수도 있다. 그러니까 뉴욕은 성년기를 앞두고 불안해하는 십 대가 술에 취해 뻗어버리고 길을 잃거나 구조될 만한 그런 도시이다…….

제롬 데이비드 샐린저J.D. Salinger가 쓴 《호밀밭의 파수꾼*The Catcher in the Rye*》의 주인공 홀든 콜필드는 십 대를 대변한다. 이 책에는 특별한 사건이 별로 없다. 상류층 학생이 퇴학을 당한 뒤 뉴욕에서 며칠 동안 빈둥거린다. 하지만 건방진 이 열여섯 살 소년은 유쾌한 반항기와 기계문명에 격분하는 태도로 인기를 끌면서 불만을 품은 청춘의 전형이 되었다.

이와 같이 성년이 되어가는 이야기의 배경으로 20세기 중반의 맨해튼만큼 좋은 곳이 또 있을까? 1950년대에 뉴욕은 세계에서 가장 크고 중요한 도시로 부상하면서 그에 걸맞은 역할을 찾아가고 있었다. 뉴욕에는 월스트리트와 브로드웨이, 그리고 가장 높은 고층 건물과 새로운 유엔본부가 있었다. 그러나 전후의 혼란 또한 뚜렷해 두려움 섞인 희망이 어려 있었다. 《호밀밭의 파수꾼》은 특정 시기의 뉴욕을 담아낸 일종의 독특한 안내서이다.

홀든은 단순히 뉴욕에 있는 존재가 아니라 이 도시의 일부이다. 그는 어퍼 이스트 사이드Upper East Side에서 자랐고 명문 펜실베이니아 기숙학교에서 퇴학당했을 때 학교 뒷산이 아닌 집으로 달아난다. 홀든은 미성년자임에도 지저분한 호텔이 모여 있는 도시의 뒷골목과 번화가를 쉽게 오간다. 그는 어디서 술을 구할 수 있는지 잘 알고 있다. 뉴욕은 또한 그를 위축시키고 불

쾌하게 하지만 홀든이 이 도시를 좋아하든 싫어하든 본질적으로 현재의 그를 있게 한 곳이다.

크리스마스 직전 어느 늦은 밤에 홀든은 기차를 타고 뉴욕에 도착한다. 오늘날의 펜 역Penn Station은 과거와 달리 다소 의례적인 종착역이다. 미술로 화려하게 장식되었던 건물은 1960년대에 철거되었다.

하지만 여전히 이 역을 빠져나오면 맨해튼Manhattan의 중간 지구로 진입해 곧장 혼잡한 도심으로 들어갈 수 있다. 썰물처럼 빠져나가는 사람들 틈에서 잠시 멈춰 서면 수많은 사람들에 둘러싸인 채 철저하게 소외된 기분에 젖어들게 된다.

홀든은 이때부터 이틀 동안 뉴욕을 어슬렁거린다. 체험과 천진함이 깃든 여정이다. 그는 창녀가 드나들고 변태성욕자가 우글거리는 에드몬트 호텔에 짐을 푼 뒤 '구역질 나는' 택시를 타고 사기꾼들로 가득한 어니 재즈 바에 간다. 소설 속 호텔과 재즈 바는 모두 존재하지 않지만 그리니치빌리지Greenwich Village에는 여전히 지하 재즈 클럽들이 있어 어두침침한 구석에서 새벽 1~2시까지 스카치소다를 마실 수 있다.

홀든은 맨해튼의 여러 명소를 들른다. 여전히 빼어난 기차역인 그랜드 센트럴Grand Central에 여행 가방을 보관한다. 물론 현재는 보안을 이유로 수하물 보관 서비스가 중단된 상태다.

홀든은 '사람들로 들끓고 혼잡한' 브로드웨이에서 인파를 헤치고 나아간다. (지금도 매년 문을 여는) 록펠러 센터 아이스링크에서는 스케이트를 타며 데이트를 한다. 이후 라디오시티 뮤직홀에서 쇼를 관람하는데, 드넓은 공연장인 이곳은 1970년대에 폐쇄될 뻔했지만 현재는 뉴욕의 공식 명소가 되었다. 《호밀밭의 파수꾼》의 시간적 배경은 12월인데 그 당시에도 지금처럼 5번가는 크리스마스 불빛들로 반짝였다. 이런 광경은 관점에 따라 축제 분위기를 한껏 돋울 수도 있고 혹은 소비절제주의 구호를 불러일으킬 수도 있다.

센트럴 파크는 《호밀밭의 파수꾼》의 주요한 장소이다. 1858년에 뉴욕 시민들에게 도심 속 휴식 공간을 제공하기 위해 처음 문을 연 이 거대한 공원을 걸으며 홀든의 자취를 따라가 볼 수 있다. 지금도 홀든의 여동생이 탄 것과 같은 구식 회전목마가 돌아가고 있다. 동물원에서는 바다사자가 여전히 헤엄친다. 홀든이 애정을 듬뿍 담아 떠올리는 공원 인근의 자연사박물관Natural History museum과 메트로폴리탄 미술관Met도 비교적 변치 않은 모습으로 남아 있다.

그러나 홀든이 제일 관심 있어 하는 것은 센트럴 파크 사우스Central Park South 인근 연못에 살고 있는 오리들이다. 그는 연못이 꽁꽁 얼면 그 오리들은 다 어디로 가는지 묻지만 아무도

대답해주지 않는다.

춥지 않게 꼭 싸매고 어슬렁거리다 보면 공원 내 다른 곳에 옹기종기 모여 살아남기 위해 적응하고 있는 오리들을 볼지도 모른다. 마치 홀든이 적응해야만 했던 것처럼. 거대하고 눈부시게 아름다우며, 악명 높고 매력적이며 지칠 줄 모르는 이 도시 또한 적응해야만 했던 것처럼 말이다.

작품명 존 스타인벡의 《통조림공장 골목》(1945)
무대 아주 다채로운 삶이 펼쳐지는, 캘리포니아주 서남부 지역의 거리

몬터레이
MONTEREY

진줏빛이 감도는 이른 아침에 캐너리 로(Cannery Row, 통조림공장 골목)는 깨어나기 시작한다. 갈매기들은 골함석 지붕에서 망보기에 나서 점심거리가 될 만한 쓰레기를 기다린다. 바다사자들은 넘실거리는 바다 저편에서 사냥개처럼 짖는 소리를 낸다. 사람들이 깔끔한 보도를 따라 발소리를 내며 움직인다. 현재 이 거리를 차지한 이들은 자질구레한 장신구를 파는 가게의 주인이나 수족관 청소부 또는 관광업자처럼 새로운 유형의 사람들이다. 거리 전체가 새롭고 거대한 무리인 수백만의 관광객을 맞이하기 위해 단장되었다.

하지만 공장에서 기계가 돌아가고, 빈터에 들풀이 무성하

MONTEREY
CANNING COMPANY

고, 공기에 썩은 생선 냄새가 실려 왔던 옛날에는 다른 사람들이 이 거리를 누볐다. 부랑자, 매춘부, 예술가, 건달 들이 부지런한 이 해안가 마을을 뻰질나게 드나들었다. 밀물이 고여 드는 바위 웅덩이처럼 캐너리 로는 활력이 넘치고 다양하고 특이한 인간 군상이 모여드는 곳이자 가라앉지 않기 위해 분투하는 인간들로 구성된 별개의 생태계 같았다 …….

캘리포니아주 몬터레이의 부둣가 거리인 캐너리 로는 미국에서 가장 유명한 거리에 속한다. 존 스타인벡John Steinbeck은 1902년에 몬터레이에서 북동쪽으로 조금 떨어진 곳에 자리한 살리나스Salinas에서 태어났다. 그래서 그는 많은 작품에서 코스트Coast 산맥과 '미국의 샐러드 그릇'이라고 불리는 풍요로운 농업지대가 태평양과 만나는 캘리포니아 중앙부 지역을 배경으로 삼았다.

1930년경에 스타인벡은 캐너리 로라고 알려진 오션뷰 애비뉴Ocean View Avenue에서 가까운 퍼시픽 그로브Pacific Grove로 이주했다. 캐너리 로는 시끄럽고 고약한 냄새가 나는 정어리 통조림 공장들이 즐비한 거리였다. 이들 공장에서는 한동안 세계에서 가장 풍부한 어장에 속할 정도로 영양이 풍부한 앞바다에서 잡은 정어리들을 가공했다.

정어리 떼는 고갈되지 않을 것 같았는지 약 400미터 길이의 그물이 장착된 거대한 건착망 어선들이 바다를 약탈했다. 이 때문에 노동자들은 대공황기임에도 계속해서 일할 수 있었고, 제2차 세계 대전 기간에도 배를 곯지 않았다. 하지만 1950년대 중반이 되자 정어리의 씨가 마르면서 통조림 산업도 붕괴되었다. 결국 1973년에 마지막 남아 있던 통조림공장이 문을 닫았다.

1945년에 출간되었지만 정확히 가늠되지 않는 그 이전 시기가 배경인 《통조림공장 골목*Cannery Row*》은 캐너리 로를 애정 어린 시선으로 그리고 있다. 이 소설에는 나치가 나오지 않는다. 실제로 스타인벡은 《통조림공장 골목》을 "일종의 향수를 불러일으키는 작품"이라고 말했으며 "전쟁과 상관없는 재밌는 이야기를 써"달라고 부탁한 군인들을 위해 이 소설을 썼다.

그 결과 정어리 냄새가 진동하고 엉뚱하면서도 진취적이었던 캐너리 로의 눈부신 시절과 그 골목을 누비던 인간 군상을 생생하게 담아냈다. 줄거리는 보잘것없다 싶을 만큼 단순해서, 비어 있는 어분 창고에서 사는 건달 무리인 맥 패거리의 기행을 뒤따라갈 뿐이다. 맥은 생물학 연구소 소장 닥을 위해 패거리와 함께 뭔가 좋은 일을 해주기로 결심한다. 동네 사람들 모두가 사랑하는 닥의 실제 모델은 스타인벡의 친구인 해양 생물학자이자 철학자 에드 리케츠Ed Ricketts이다.

그렇게 준비한 파티는 재앙으로 끝난다. 하지만 이런 것은 별로 중요하지 않다. 《통조림공장 골목》은 사건보다 분위기에 치중된 소설이다. 아울러 금방이라도 몰락할 것 같은 골목과 그곳에서 살고 있는 사람들에 대한 애정이 스며 있다. 이들은 빈털터리와 기회주의자들이 잡다하게 섞인 인간 군상일지 모르나 대부분 아주 착한 사람들이다.

오늘날의 캐너리 로(1958년에 공식적으로 오션뷰 애비뉴에서 개명되었다)는 《통조림공장 골목》의 캐너리 로와 닮은 데가 거의 없다. 스타인벡에게 이 골목은 "시이자 악취이고 삐걱거리는 소음이자 특별한 빛이며 습관이자 향수이고 꿈"이었다. 빛인 것은 여전하다. 아직도 캘리포니아의 금빛 햇살이 바다와 부두 아래에 어른거리면서 컹컹 우는 바다사자와 나무로 된 잔교를 감싼다.

하지만 이제는 모든 것이 훨씬 더 깔끔해졌다. 악취는 사라졌고 더 이상 공장이 아닌 건물에는 생선 요리를 파는 식당, 선물 가게, 사탕 가게, 골동품 가게 들이 들어서 있다.

캐너리 로 중간쯤에 자리한 스타인벡 광장에는 몇몇 지역 명사들을 형상화한 조각상이 설치돼 있다. 스타인벡과 에드 리케츠를 비롯해 현지 사창가의 포주로서 대공황 때 가난한 이들에게 음식을 나눠준 인물이자 《통조림공장 골목》에 등장하는 도라 플러드의 실제 모델인 플로라 우즈의 동상도 있다. 이 근처에서 거리를 조금만 벗어나면 통조림공장 근로자들이 묵었던 세 채의 숙소가 나온다. 현재 모두 작은 박물관으로 꾸며져 있는 이곳에 들르면 과거 정어리가 많이 잡혔을 때의 생활 모습을 엿볼 수 있다.

길을 따라 더 가다 보면 스타인벡이 소설에 등장시킨 실제 건물들이 나온다. 비단 기모노부터 낡은 테니스화 맛이 나는 위스키까지 없는 게 없는 리청의 '천상의 꽃 식료품점'으로 등장하는 윙청 마켓Wing Chong Market이 있다. 또한 한때 매음굴이 있던 자리이자 소설에 나오는 라이다 카페La Ida Café의 실제 모델인 오스티노 케이크Austino's Patisserie점도 있다.

800번지에는 '닥의 연구소'의 실제 모델인 판자로 지은 에드 리케츠의 태평양해양연구소(Pacific Biological Laboratories)가 있다. 닥처럼 리케츠도 여기에 해양생물의 표본을 보관했으며 이 표본들은 전국의 연구소로 팔려나갔다. 공공 보도를 따라 연구소 뒤쪽으로 가면 리케츠가 표본을 보관했던 콘크리트 탱크를 볼 수 있다. 그 너머로 보이는 바다는 현재 에드워드 리케츠 주 해양보호구역이다. 리케츠는 다양한 취미를 지닌 지식인이었고 그의 연구소는 화가와 음악가와 작가들의 모임 장소가 되었다. 요즈음 이 연구소는 한 달에 한 번 무료 관람 서비스를 제공하

고 있긴 하지만 대부분 닫혀 있다.

닥의 연구소가 문을 열지 않더라도 전에 호브던 통조림공장이었던 곳에 가면 많은 해양 생물들을 볼 수 있다. 1984년부터 몬터레이만 수족관으로 운영되는 이곳은 획기적인 비영리 시설로 몬터레이만의 야생 생물을 중심으로 해양생물 보호와 교육에 전념하고 있다. 이 수족관에는 바다거북부터 반짝거리는 거대한 정어리떼에 이르기까지 550여 종이 넘는 해양생물들이 있다.

매년 이곳을 찾는 유료 관람객이 수백만 명에 이른다. 따라서 시대는 바뀌었을지 모르나 여전히 물고기가 캐너리 로의 효자 노릇을 하고 있는 셈이다.

작품명 마크 트웨인의 《허클베리 핀의 모험》(1884)
무대 미국의 중심부를 흐르는, 모험과 사회적 의미가 가득한 장대한 강

미시시피강
MISSISSIPPI RIVER

때때로 이 강은 바다만큼 넓어 보인다. 빙하호에서 시작된 드넓은 청회색 물줄기가 남쪽으로 뻗어나가 키 큰 풀이 무성한 대초원을 지나 후텁지근한 아열대 지역까지 도도하게 흐른다. 미시시피강은 굽이치는 거대한 강이지만 소소한 즐거움을 누릴 수 있는 곳이기도 하다. 물살에 실려 떠가다 보면 근심 걱정을 잊게 되기 때문이다. 느긋하게 물러나 앉아 발을 담그고 졸졸 흐르는 물소리를 들으면 절로 잠이 쏟아진다. 또한 멜론과 딱딱하게 구운 옥수수빵을 먹으며 되는 대로 허튼소리를 늘어놓고, 왱왱거리는 모기떼를 만나고, 별들이 깜박거리는 하늘을 바라보기에도 좋은 곳이다…….

올드맨 리버, 빅 머디, 파더 오브 워터스라고도 불리는 거대한 미시시피강은 미국의 중앙부를 관통하며 흘러간다. 한때는 미국의 서쪽 국경선 역할을 했으며 오랫동안 무역과 교통의 중심지였다.

남북전쟁 당시(1861~1865) 북군은 미시시피강을 점령하면서 승기를 잡았다. 한마디로 미시시피강은 미국의 역사와 문화와 의식에서 중요한 위치를 차지하고 있다. 아울러 마크 트웨인Mark Twain이 쓴 《허클베리 핀의 모험*Adventures of Huckleberry Finn*》의 중심 무대이기도 하다.

새뮤얼 랭혼 클레멘스(Samuel Langhorne Clemens, 마크 트웨인의 본명)는 1835년에 미주리주 플로리다에서 태어났지만 1839년에 근처 미시시피강 서안에 자리한 해니벌Hannibal로 이주했다. 그가 성장기를 보낸 시절은 남북전쟁이 일어나기 전으로, 미국이 한창 성장하고 팽창하며 농장이 번성하고 물품을 가득 실은 증기선이 분주히 오가던 시대였다.

트웨인은 청년 시절에 강을 오가는 배의 도선사로 일하기도 해서 심하게 구불거리고 소용돌이치는 미시시피강을 잘 알고 있었다.

이 시기는 노예제가 있던 때이기도 했다. 강 건너편의 일리노이와 달리 미주리주에는 노예가 있었다. 19세기 중반 즈음에

해니벌 카운티 인구의 4분의 1이 노예들이었다. 1865년에 미국 수정헌법 13조에 따라 노예제가 폐지된 후 20년이 지난 시점에 《허클베리 핀의 모험》이 출간되었지만 이 소설의 시간적 배경은 1840년대이다. 따라서 처음에는 단순한 소년들의 모험으로만 보이는 트웨인의 소설은 당시 미국인들의 인종적 태도를 통렬하게 고찰한다.

《허클베리 핀의 모험》은 십 대 방랑자 헉 핀과 성인이자 흑인 노예인 짐의 모험적인 여정을 따라간다. 두 인물 모두 미주리주의 세인트피터즈버그St Petersburg에서 살다가 감금 상태에서 벗어나기 위해 도망친다.

헉은 학대하는 술주정뱅이 아버지와 손 씻기와 식사 시간 지키기, 그리고 풀을 먹여 빳빳한 반바지처럼 내내 자신을 귀찮게 했던 '문명' 사회의 제약에서 탈출한 참이다. 짐은 다른 데로 팔려 갈 위기를 피해 도망가는 중이다. 그러다 우연히 마주치게 된 두 사람은 의기투합하여 뗏목을 타고 노예제가 없는 일리노이주로 가기로 한다.

이들의 여정은 녹록지 않다. 뗏목을 잃고 살육을 목격하며 사기꾼과 살인자와 맞닥뜨린다. 하지만 이 모든 수난에도 굽이치며 흐르는 강은 이들에게 자유라는 최종 목표를 이루게 해준다. 육지와 달리 강에서 지내는 삶은 '갑갑하고 숨 막히지' 않는다. 뗏목에 몸을 맡긴 채 미시시피강을 따라 흘러가는 순간 두 사람은 사회 규범이 닿지 않는 곳에 존재하는 것 같다. 강에서는 백인 소년과 흑인 남자가 함께 떠가면서 동등하게 이야기를 나눌 수 있다.

학계에서는 트웨인이 인종을 다루는 태도를 놓고 의견이 분분하다. 이 소설을 편견을 준엄하게 비판하는 작품으로 보는 이들이 있는 반면에 '검둥이(nigger)'라는 단어를 반복해서 쓴 것을 비난하며 고정관념에 사로잡혀 흑인을 그려냈다고 생각하는 이들도 있다. 하지만 《허클베리 핀의 모험》이 19세기 중반의 미중서부를 다채롭게 담아낸 소설일 뿐만 아니라 미국 문학의 가장 중요한 작품에 속한다는 사실은 분명하다.

마크 트웨인이 소설에 녹여낸 미국의 풍물을 경험하고자 한다면 한때 그의 고향이었으며 소설 속 마을인 세인트피터즈버그의 실제 모델이나 다름없는 해니벌에 가보라. 이 미시시피 강변 마을의 중심부는 대체로 온전히 남아 있다. 격자 형태의 역사 지구에 가면 현재 '마크 트웨인 유년기 집 겸 박물관'인 클레멘스의 옛집뿐만 아니라 옛날식 드러그스토어drugstore와 술집들이 늘어서 있다.

또한 모래톱, 오래된 저택, 도도히 흐르는 강 풍경 등 헉의 모험에 영감을 준 주변 경치에 흠뻑 취하고 외륜선을 타고 미시시피강을 즐길 수 있다.

소설 속에 등장하는 잭슨섬Jackson's Island은 헉과 짐이 우연히 만나, 인종이 다른 이들끼리 우정을 맺는 일이 드물었던 시대에 미국 문학에서 가장 기념비적인 우정을 쌓았던 곳이다. 소설 속 잭슨섬의 모델이 된 섬은 과거에 해니벌에서 남쪽으로 몇 킬로미터 떨어진 지점에 있었던 섬이라고 한다.

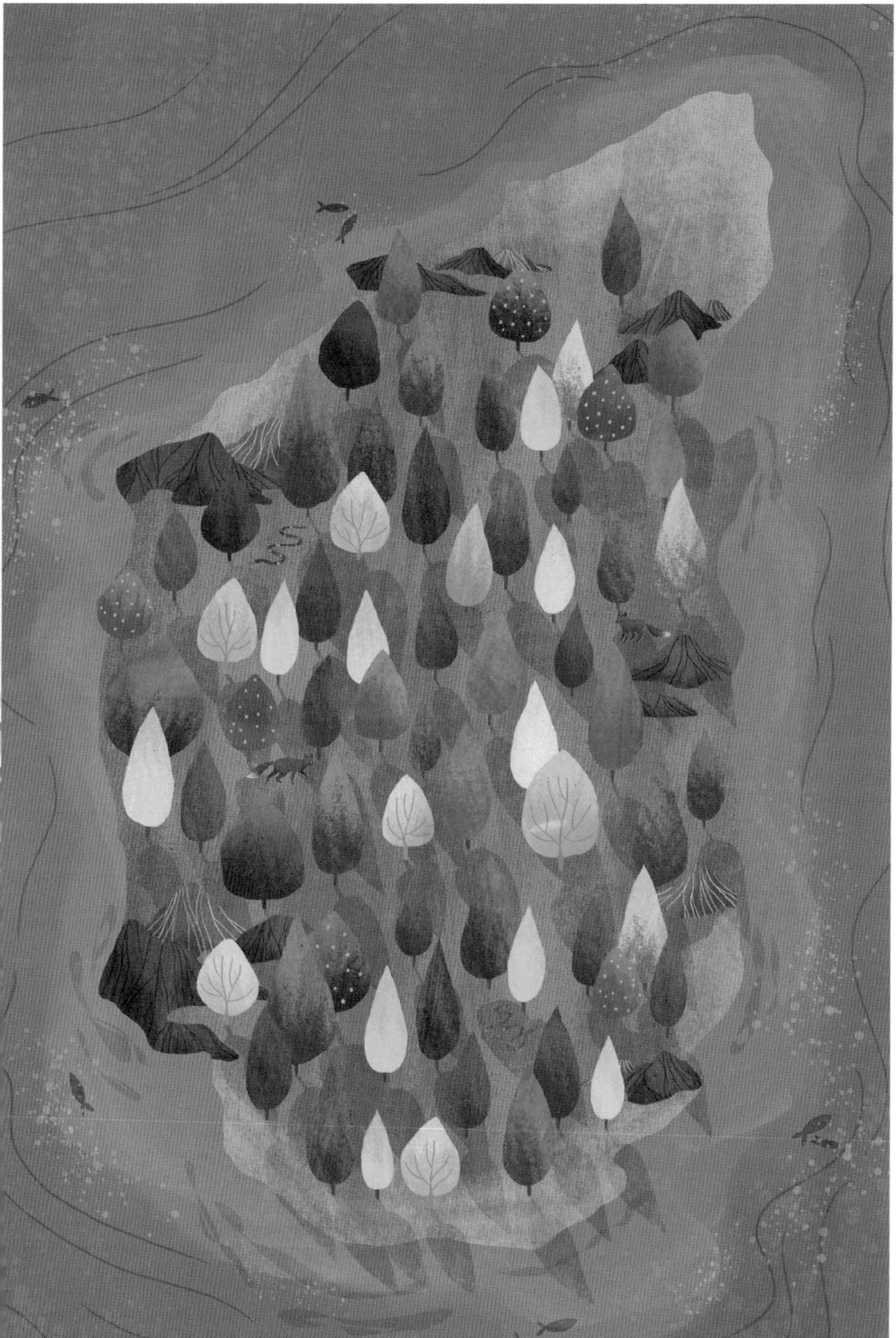

작품명 하퍼 리의 《앵무새 죽이기》(1960)

무대 인종 차별에 맞선 용감한 행위를 그려낸 소설에 영감을 준 미국 남부 마을

먼로빌
MONROEVILLE

이 지겹고 고리타분한 마을에서는 누구도 서두르지 않는다. 더위 때문에 그럴지도 모른다. 앨라배마의 여름은 아무 생각이 안 들게 하고 당밀처럼 끈적거린다. 오후 내내 현관 벤치에 앉아 얼음같이 찬 코카콜라를 마시면 더 바랄 게 없을 것이다. 하지만 마을 광장의 생생한 떡갈나무와 목련나무 아래에 있는 벤치에 앉아 있는 것도 괜찮을 것이다.

마을 사람들이 기독교 서점과 중고품 할인상점과 하얀색 반구형 지붕이 햇빛을 받아 눈이 부신 고풍스럽고 멋진 카운티 법원 사이를 오간다. 여기서는 지난 수십 년간 재판이 한 건도 진행되지 않았다고 한다. 사실 이곳에서 판결이 난 것으로 알려진

MONROE
COUNTY

가장 유명한 재판도 여기서 진행된 게 아니었다. 그럼에도 이곳은 여전히 정의를 상징하는 중요한 장소로 여겨진다…….

하퍼 리Harper Lee의 《앵무새 죽이기*To Kill a Mockingbird*》는 적절한 때에 정확한 논조로 올바른 메시지를 전달한다. 편견과 불공정과 도덕성을 복잡하지 않게 담아낸 소설인 이 작품은 1960년에 출간되었다. 당시 미국 남부는 남북전쟁 이래 가장 큰 사회적 변화에 직면해 있었다. 평등권 운동이 가속화되고 있었고, 인종과 계급에 대한 뿌리박힌 태도의 정당성이 의심받고 있었다.

앨라배마Alabama주는 다른 어떤 곳보다도 세간의 이목을 끌었다. 로자 파크스Rosa Parks가 1955년에 백인 승객에게 버스 좌석을 내주지 않았던 곳도 바로 앨라배마주 몽고메리였다. 1956년에는 어서린 루시와 폴리 마이어스가 앨라배마 주립대학교에 입학한 최초의 아프리카계 미국인이 되자 흑백통합에 반대하는 폭동이 일어났다.

《앵무새 죽이기》는 1930년대 대공황 시기의 앨라배마주를 배경으로 하고 있다. 하지만 소설의 분위기는 60년대와 아주 비슷해서 과도기에 팽배했던 두려움과 좌절감이 잘 드러난다. 이 소설은 미국에 양심이 필요하다는 점을 보여주고 나무랄 데 없는 주인공 애티커스 핀치Atticus Finch를 내세운다. 그는 상처한 뒤 홀로 아이들을 키우는 아버지이자 변호사이며 '지금까지 살았던 이들 가운데 가장 용감한 사람'이다. 소설의 화자인 스카웃Scout의 아버지 애티커스는 백인 여성을 강간한 혐의로 무고하게 기소된 흑인 톰 로빈슨을 변호한다. 애티커스는 질 수밖에 없음을 알고도 계속해서 변호를 맡는다.

핀치 가족은 엄밀히 말해 허구의 장소인 메이콤Maycomb에 살지만 먼로빌에 있는 작가의 생가를 모델로 삼았기에 어쩔 수 없이 애티커스에게서 하퍼 리를 떠올릴 수밖에 없다. 실제로 하퍼 리의 발자취를 따라가다 보면 애티커스 핀치의 동선과 겹친다. 메이콤은 외떨어지고 배타적이며 궁핍한 마을이자 남부의 가치에 젖어 있는 곳이었다.

먼로빌도 메이콤과 마찬가지로 외지고 남부 친화적이며 힘든 시기에 직면해 있다. 전에 비만 오면 '붉은 진창'으로 변하던 진흙 길은 포장도로가 되었지만 인구밀도가 낮고 (현재 6,000명 정도인) 주민 수도 계속 줄고 있다. 많은 점포가 문을 닫은 상태인 오래된 광장 주변은 약간 노쇠한 분위기까지 감돈다. 그러나 이곳의 문화적 영향력만큼은 시들지 않았다.

말 그대로 먼로빌의 중심이자 문학적 심장부는 카운티 법원이다. 1904년에 완공된 건물로 로마네스크 양식의 시계탑이 있는 이곳은 1963년까지 법원으로 사용되었다. 변호사였던 하퍼 리의 아버지(A.C. Lee)는 여기서 많은 소송을 맡아 변호했으며

하퍼 리는 2층 방청석에서 그런 아버지를 지켜봤다. 1970년대에 이 건물은 거의 철거될 뻔했다가 슬그머니 국가사적지로 지정되어 철거를 면했다. 덕분에 찬란했던 1930년대의 모습으로 복원된 법원은 현재 박물관으로 바뀌었다.

이곳에 가면 판사석에 앉아볼 수 있고 '유색인 전용 방청석'에도 올라가볼 수 있다. 또한 매년 봄이면 소설 《앵무새 죽이기》에 나오는 사건을 본래의 장소에서 재현하는 동명의 연극을 볼 수 있다.

광장을 한 바퀴 돌다 보면 (리의 변호사 사무실이 있었던) 2층짜리 먼로 카운티 은행 건물과 '고딕식 농담의 축소물' 같은(주변 건물과 어울리지 않는, 오싹하면서도 썰렁한 고딕풍 농담의 축소물 같다는 뜻—옮긴이) 작은 감옥을 지나게 된다. 한때 톰 로빈슨 같은 이들이 매장되었던 곳이기도 한 이 감옥 건물은 현재 군 보안관서의 부속 건물로 쓰이고 있다.

앨라배마 애비뉴는 광장의 남동쪽 모퉁이에서 시작된다. 이 길을 따라 조금 내려가다가 주차장과 밋밋한 사무실 건물들을 지나면 버거와 셰이크를 파는 작은 드라이브스루 식당인 '멜스 데어리 드림Mel's Dairy Dream'이 나온다. 바로 이 식당 자리에 하퍼 리가 어린 시절에 살았던 집이 있었는데 1953년에 철거되었다.

BURGERS
CHICKEN
SANDWICHES
Mel's
DAIRY
DREAM

그 옆에 낮은 벽돌담만 남은 집터는 트루먼 카포티(Truman Capote, 《티파니에서 아침을》의 작가)가 젊은 시절에 먼로빌에 사는 사촌 집에 올 때마다 머물곤 했던 곳이자 트루먼과 하퍼 리가 평생 친구가 된 포크 하우스가 있던 자리이다.

애티커스는 "누군가를 진정으로 이해하고자 한다면 그 사람의 입장에서 생각해야 한단다……그 사람의 살가죽을 뒤집어 쓴 듯 완전히 그 사람이 되어 걸어 다녀봐야 한다"라고 말했다. 먼로빌에 가면 잠깐이나마 하퍼 리가 되어 걸어볼 수 있지 않을까.

작품명 가브리엘 가르시아 마르케스의 《콜레라 시대의 사랑》(1985)

무대 마법이 실현되는, 식민지 콜롬비아의 카리브해 연안 도시

카르타헤나
CARTAGENA

이곳은 찌는 듯이 더운 도시다. 폭우가 그치자 기온이 치솟고, 습기와 재스민 향기와 새소리와 기대감을 머금은 공기가 무겁게 드리운다. 노란색과 빨간색과 분홍색을 칠한 벽들이 햇볕에 그을린다. 이곳은 어쩐지 도시가 아니라 열병에 걸려 망상이 그려낸 화려한 그림 같다. 마치 숨은 뜻이 있는 것처럼 환한데도 흐릿하다.

광장의 그늘도 별 도피처가 못 된다. 카리브해의 열기, 자갈을 밟아 달그락거리는 신발 굽 소리, 쪼아대는 비둘기, 쿠바산 시가를 강매하는 행상인, 그리고 느끼하게 키스하는 연인 때문에 여전히 괴롭다. 그 사이로 뜨거운 바람이 불어온다. 하지만

한숨 돌리게 해주는 바람이 아니라 이야기를 담뿍 담고 있는 바람이다.

먼바다와 대포가 설치된 흉벽과 닫힌 덧문에 얽힌 이야기, 그리고 수 세기 전 과거의 이야기 말이다. 카르타헤나는 이야기의 도시로 거리마다 마법이 어른거린다…….

가브리엘 가르시아 마르케스Gabriel García Márquez는 콜롬비아의 강변 마을인 아라카타카Aracataca에서 태어나서 유럽과 쿠바와 멕시코시티를 옮겨 다니며 살았지만 카르타헤나와 떼어놓을 수 없는 관계이다. 그는 콜롬비아 전역에서 10년간의 내전(La Violencia)이 막 일어났을 때인 1948년에 이 해안 도시에 도착했다.

마르케스는 카르타헤나 대학에서 공부한 뒤 신문 기자로 일했지만 겨우 일 년 후 떠난 뒤 두 번 다시 이곳에 정착해서 살지는 못했다. 하지만 카르타헤나의 색깔과 활기가 그의 작품에 스며 있다. 언젠가 그는 "내가 쓴 모든 책에는 카르타헤나의 자잘한 정취가 담겨 있다"고 고백했다.

그중에서도 가장 뚜렷하게 드러나는 작품은 《콜레라 시대의 사랑*Love in the Time of Cholera*》이다. 마르케스가 부모님의 연애사를 바탕으로 쓴 이 소설의 배경은 카리브해 인근의 어딘가에 있는 마그달레나Magdalena강의 항구도시인 '총독들의 도시'이다. 마르

케스는 도시 이름을 밝히지 않았으나 소설 속에 카르타헤나의 핵심적인 요소들이 넘쳐난다.

거리와 광장은 허구이지만, 실제 카르타헤나를 거닐다 보면 마르케스가 쓴 이상하면서도 낭만적인 젊은이 플로렌티노 아리사와 연인 페르미나 다사의 사랑 이야기에서 배경으로 등장한 도시임을 저절로 알게 된다.

플로렌티노는 열세 살의 페르미나를 "우연히 한 번 본" 후 믿기지 않을 정도로 사랑에 빠진다. 그는 몰래 도시 곳곳에서 페르미나를 훔쳐보고, 반쯤 무너진 그녀의 집 밖을 기웃거리며, 그녀가 있을 법한 장소에 가고, 성당에서 그녀에게 바이올린을 연주해준다.

페르미나가 자신이 아닌 고루하고 지체 높은 의사 후베날 우르비노와 결혼했는데도 플로렌티노는 도시를 떠나지 않으며 트램을 타고 골목길을 이용하고 부둣가를 따라 계속해서 살금살금 돌아다닌다. 그리고 여러 여성들과 수없이 많은 성관계를 맺으면서도 여전히 페르미나에 대한 변치 않는 사랑을 단언한다. 플로렌티노는 그녀를 되찾을 때까지 51년 9개월하고도 4일 동안 기다린다.

카르타헤나는 1533년에 스페인 사람들이 세운 도시이다. 이 도시는 말 그대로 보물 상자였다. 신세계에서 약탈한 금과 은을 유럽으로 실어 나르기 전에 잠시 보관하는 곳이었기 때문이다. 스페인 사람들은 해적과 영국인들의 공격을 막아내기 위해 카르타헤나를 튼튼한 성벽으로 에워쌌다. 이렇게 세운 방호벽은 이후 수 세기에 걸쳐 보강되면서 남아메리카에서 가장 광대한 방어시설이 되었다.

오늘날에도 이들 요새는 근사한 성당과 밝은 색상의 주택, 그리고 열대식물이 우거진 안뜰과 테라코타 타일이 밀집해 있는 구시가지를 지키고 있는 듯이 보인다. 이렇듯 성벽으로 사방이 막혀 있고 사탕처럼 색칠된 도시에 들어서면 마법이 일어날 것만 같다.

카르타헤나는 마르케스가 처음 이곳에 도착했을 때보다 더욱 멋지게 변했다. "가장 잘 보존된 저택조차도 발코니에 잡초가 무성하고 회반죽을 바른 벽마다 금이 쩍쩍 가" 있을 정도로 황폐했던 모습에서 많이 바뀌었다. 오랫동안 유격전이 벌어지고 마약 거래와 부패가 만연한 곳으로 유명했던 콜롬비아는 21세기 초에 이러한 악습을 고쳐왔다. 카르타헤나에서도 주택이 복원되고 발코니에는 잡초 대신 잘 키운 덩굴 식물과 아기자기한 화분이 자리하고 있다.

정말이지 구시가지는 마르케스의 상상력만큼이나 다채롭고 관능적이며 오감을 일깨운다. 술집에서 울려 퍼지는 콜롬비아

의 민속음악 쿰비아Cumbia가 거리까지 흘러나온다. 무지개색이 선명한 막대사탕부터 보도에 내놓은 뜨거운 기름 솥에서 지글지글 튀겨낸 간식까지 곳곳에 먹을거리가 즐비하다.

최초로 해방된 노예의 후손인 검은 피부의 팔렌케라들palenqueras이 밝은색의 풍성한 치마를 입고 모조 장신구를 걸친 채 열대 과일이 가득 들어 있는 그릇을 머리에 이고 뽐내듯 걷는다. 이들에게 달러를 건네주면 사진을 찍을 수 있게 포즈를 취해줄 것이다.

하지만 연철로 된 우아한 가로등 기둥부터 부겐빌레아가 늘어진 발코니에 이르기까지 도시 전체가 사진 명소이다. 장미와 치자꽃과 동백꽃 등 마르케스의 소설에서 사랑을 상징하는 온갖 종류의 꽃들이 실제 카르타헤나의 거리에도 넘쳐난다.

플로렌티노와 페르미나도 찾아볼 수 있다. 성벽 정문을 통해 구시가지로 들어가서 시계탑 아래로 걸어 내려가면 한때 노예 시장으로 사용됐던 마차 광장Plaza de los Coches이 나온다. 이 광장 건너편에 기둥이 열을 지어 늘어서 있는 진한 오렌지 색상의 좁은 길(Portal de los Dulces)이 있는데, 이곳이 바로 《콜레라 시대의 사랑》에 나오는 필경사의 거리이다.

페르미나에게 거절당한 플로렌티노는 여기서 자신의 문학적 능력을 활용해 무료로 '문맹의 연인들'을 위해 연애편지를 대필해준다. 오늘날 이곳에 가면 아치 그늘 아래에 있는 시인들을 보지는 못할 것이다.

대신 치아에 달라붙는 달달한 당과 제품을 파는 작은 좌판들이 줄지어 늘어서 있어, 지나치게 단 케이크와 소용돌이 모양의 캐러멜 그리고 인형 모양의 우유 과자와 코코넛 사탕이 가득 들어 있는 유리병들을 구경할 수 있다.

북쪽으로 조금 더 이동하면 녹음이 우거진 마드리드의 페르난데스 광장Plaza Fernández de Madrid이 나온다. 이 광장에서 영감을 받아 탄생된 곳이 '작은 복음 공원Parquecito de los Evangelios'이다. 사랑에 빠진 플로렌티노가 페르미나를 잠깐이라도 볼 수 있기를 바라면서 많은 시간을 보냈던 곳이다. 이곳에는 벤치가 있어 플로렌티노처럼 '아몬드나무 그늘 아래에서 시집을 읽는 척' 앉아 있을 수 있다.

소설 속 페르미나 다사의 집은 아마도 광장의 동쪽 측면에 자리한, 덩굴 식물이 뒤덮인 하얀색 저택에서 따온 것이 아닐까 싶다.

《콜레라 시대의 사랑》에 등장하는 가상의 도시와 마찬가지로 카르타헤나도 마법이 일어날 수 있는 곳이다. 사랑이 폭발할 수 있고 색깔에 눈이 멀 수 있으며 앵무새 때문에 목숨을 잃을 수 있는 곳이다. 서정적이고 생기가 넘치며 향기롭고 야릇한 도시이다. 우르비노 박사의 말처럼 "세상에 이와 같은 도시는 또 없다."

작품명 이사벨 아옌데의 《영혼의 집》(1982)
무대 독재자들 때문에 공포에 떨어야 했던, 마법이 감도는 신비로운 남미 국가

칠레
CHILE

풍경은 그저 꿈인 것 같다. 아니면 흐릿한 기억이거나. 뒤틀린 포도나무와 세차게 흐르는 개울이 있는 풍성한 계곡과, 먼 산을 가리고 있는 하늘 탓에 눈이 수북이 쌓인 화산 봉우리만 거만하고 선명하게 서 있다. 띠 모양으로 방대하게 펼쳐진 희망에 찬 농지 에스탄시아Estancia가 황량한 이 땅의 주인임을 모호하게 드러내고 있지만, 세상의 끝에서 절반쯤 잊힌 채 존재하는 이 나라에는 아직 대자연의 자비가 남아 있다…….

작품 속에서 결코 어디라고 밝히지 않았지만 《영혼의 집*La Casa de los Espíritus*》이 숨 쉬고 있는 곳은 칠레이다. 저자 이사벨 아옌데Isabel Allende는 트루에바 가문의 4대에 걸친 이야기의 배경

을 특정하지 않았다. 따라서 이야기는 남미의 이름 모를 나라에서 전개된다. 하지만 마법과 현실이 뒤섞인 상상의 나래가 펼쳐지고 지리적 위치가 특정되지 않았음에도 배경이 어딘지는 확연히 드러난다. 《영혼의 집》은 반은 트루에바 가문의 이야기이고 반은 20세기의 칠레 역사에 대한 기록이다.

아옌데도 이와 같은 사실을 인정했다. 그녀는 언젠가 《영혼의 집》을 쓰면서 "내가 잃어버린 모든 것들, 즉 내 나라, 내 가족, 내 기억을 전부 되찾고 싶었다"고 말했다. 칠레 태생인 아옌데는 유년기의 대부분을 산티아고에서 보냈다. 하지만 1973년에 군부가 쿠데타를 일으켜 민주적으로 선출된 세계 최초의 마르크스주의자 대통령이자 이사벨 아옌데의 오촌 당숙이었던 살바도르 아옌데 대통령이 실각하자 그녀도 베네수엘라로 피신했다.

위독한 할아버지에게 썼던 편지에서 탄생된 《영혼의 집》을 쓸 때 이사벨 아옌데는 망명 생활 중이었고 '재앙이 덮친 나라'였던 그녀의 조국은 아우구스토 피노체트Augusto Pinochet의 무자비한 독재에 신음하고 있었다.

'영혼의 집'의 이야기는 칠레의 정치가 불안정할 때인 1920년 즈음부터 시작된다. 이후 50년이 넘는 세월 동안 이름 모를 수도의 중심지에 자리한 '모퉁이의 큰 집'과 트루에바 가문의 농

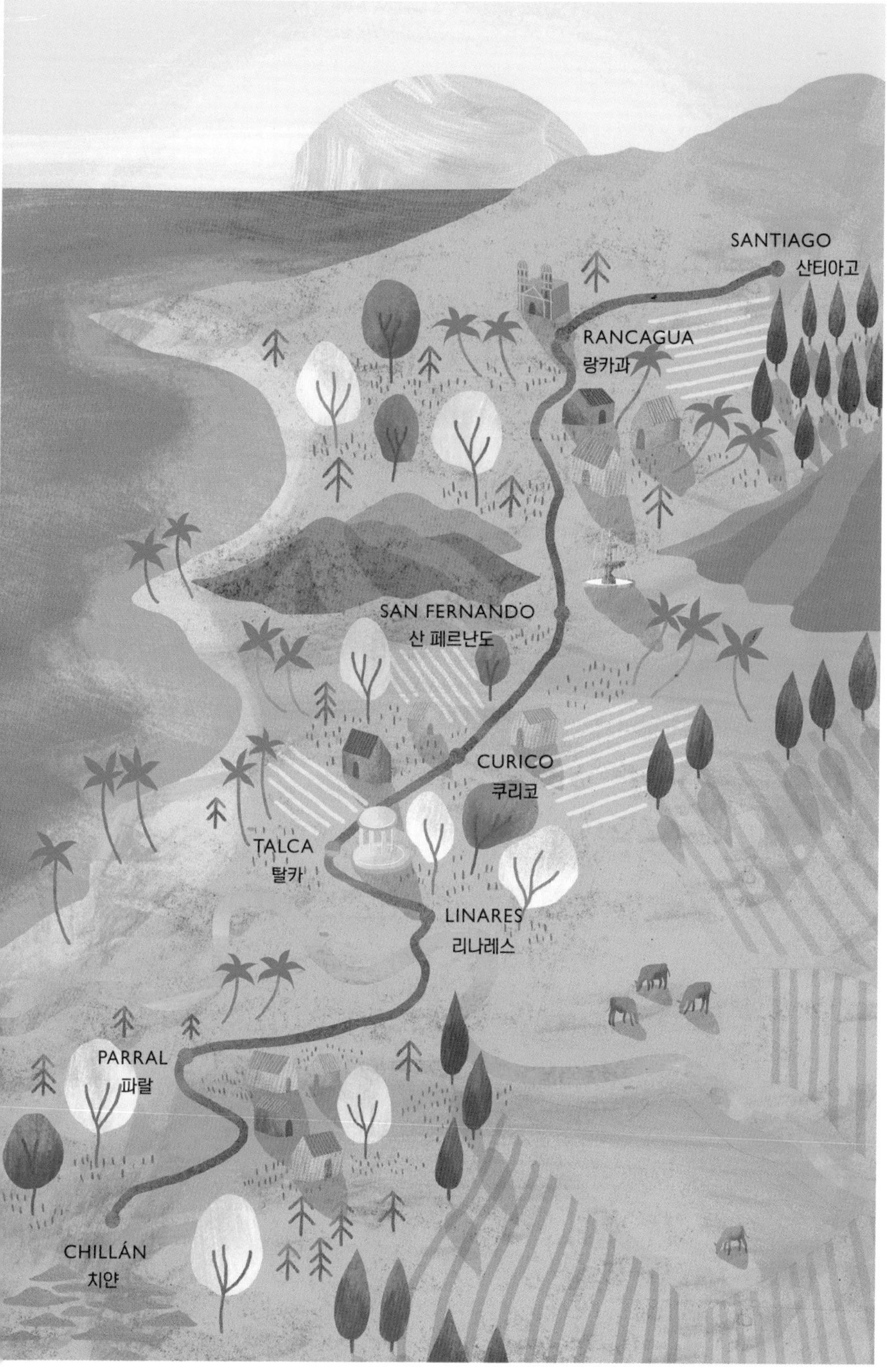
SANTIAGO
산티아고
RANCAGUA
랑카과
SAN FERNANDO
산 페르난도
CURICO
쿠리코
TALCA
탈카
LINARES
리나레스
PARRAL
파랄
CHILLÁN
치얀

장인 트레스 마리아스Tres Marías를 중심으로 4대의 이야기가 펼쳐진다. 실제 있었던 사건들도 소설 속에 등장한다. 트레스 마리아스를 무너뜨리고 '건물들이 부상당한 공룡처럼 쓰러지는' 광경을 불러온 지진은 1939년에 칠레에서 일어났던 지진을 떠올리게 한다. 당시 칠레는 초토화되었고 사망자가 무려 3만여 명에 달했지만 국제적 관심은 높지 않았다. "세계는 다른 전쟁을 치르느라 너무 바빠, 지구의 외진 구석에서 자연이 광분한 일까지 알아챌 겨를이 없었다."

칠레에는 여성의 인권과 사회주의 이슈부터 쿠데타 등 여전히 정치적 문제가 상존한다. 하지만 마법으로 불러낸 혼령부터 긴 초록색 머리칼의 소녀와 햇볕에 그을린 전원지대에 이르기까지 기쁨과 아름다움을 선사해주는 것들 또한 존재하는 곳이다.

트루에바 가문의 발자취를 정확하게 더듬어보기는 불가능하다. 하지만 산티아고의 아르마스 광장Plaza de Armas에서 시작하면 좋을 듯싶다. 남미의 많은 도시에 같은 이름의 광장이 있는데, 폭력적인 가부장 에스테반 트루에바가 '아름다운 로사'가 감초를 사는 모습을 처음 보게 되는 곳도 바로 이 광장이다. 이곳에서 야자수와 체스를 두는 사람들 사이를 거닐면서 탑이 뾰족한 신고전주의 양식의 성당들을 둘러볼 수 있다.

《영혼의 집》에서 단순히 '그 시인'으로 '등장하는' 파블로 네루다Pablo Neruda가 살았던 집이자 박물관인 파블로 네루다 박물관Las Chascona이나 피노체트 정권에 희생된 이들을 기리는 '기억과 인권 박물관Museo de la Memoria y los Derechos Humanos'도 가볼 만하다. 기회가 된다면 19세기와 20세기에 부자들이 멋진 저택을 지었던 동네인 바리오 브라실과 바리오 윤가이Brasil and Yungay barrios까지 찾아갈 수도 있다. 이곳의 집들은 소설 속에서 예지력을 지닌 클라라 트루에바가 혼령들과 이야기를 나누었던, 뒤틀리고 돌기로 뒤덮인 집과 크기는 비슷하되 기괴한 외관이나 분위기는 덜하지 싶다.

또한 에스테반처럼 대도시를 떠날 수도 있다. 칠레의 기차망은 노선이 크게 줄어들었지만 귀스타브 에펠이 설계한 산티아고의 알라메다Alameda 역에서 출발하는 하행선을 타면 전원 지역으로 도피할 수 있다.

에스테반은 차창 밖으로 '스쳐 지나가는 중앙 계곡의 풍경'을 바라본다. "산맥 기슭부터 광활한 들판이 펼쳐져 있었다. 포도밭과 밀밭이 이어지고 자주개자리와 금잔화가 가득 피어 있는 비옥한 전원지대였다."

마찬가지로 산티아고의 남쪽으로 길고 가늘게 펼쳐져 있는 평원은 안데스 산맥과 해안 지역이 양옆을 감싸듯 자리하고 있어 칠레에서 가장 비옥한 땅이다. 과수원과 목초지가 모여 있고 포도가 주렁주렁 열린 포도나무들이 늘어서 있으며 아직도 길을 따라 말이 끄는 수레가 오가는 이 시골 지역이야말로 소설 속의 지평선에서 보이는 트레스 마리아스의 모습이 아닐까 싶다.

문학이 좋다
여행이 좋다

초판 1쇄 발행 2022년 7월 7일
초판 3쇄 발행 2024년 1월 1일

지은이 | 세라 백스터
일러스트 | 에이미 그라임스
옮긴이 | 이정아
디자인 | 아르케
인쇄 · 제본 | 한영문화사

펴낸이 | 이영미
펴낸곳 | 올댓북스
출판등록 | 2012년 12월 4일(제 2012-000386호)
주 소 | 서울시 마포구 연희로 19-1, 6층(동교동)
전 화 | 02)702-3993
팩 스 | 02)3482-3994

ISBN 979-11-86732-60-1(03980)

* 잘못된 책은 구입처에서 바꿔 드립니다.
* 책값은 뒤표지에 있습니다.